KB051091

소중한 우리 아이를 위한
첫 이야기책

성경태교동화

오선화 글
김은혜 그림

자음과모음

소중한 우리 아기

_____의

생애 첫 이야기책

여러분의 가정에
웃음과 대화를 선물하는 책이기를

이 책이 처음 출판되었을 때 저는 자유로운 글쟁이로 살고 있었습니다. 배 속에 아기가 찾아왔다는 것은 참 기쁜 일이었지만, 기쁨과 같은 크기로 우울이 자주 찾아왔습니다. 그것이 아기에게 미안해서 이 이야기를 쓰게 되었습니다.

주변에서 성경이 태교에 좋다는 이야기를 들었지만, 저에게는 그저 지루하고 딱딱하게만 느껴졌습니다. 그러다 문득 내가 재미있게 써보자 싶었습니다. 저 때문에 우울을 함께 겪을 아기에게 작은 웃음을 전해주고 싶었기 때문입니다. 그래서 성경을 토대로 아기에게 건넬 수 있는 이야기를 짓기 시작했습니다. 그런데 글을 쓰면서 저에게 먼저 선물같은 변화가 찾아왔습니다. 이야기를 통해 다시 웃음을 되찾게 된 것입니다. 아기에게 이야기 건넬 때 느껴지는 태동을 통해 아기도 웃고 있다는 걸 느낄 수 있었습니다.

그리고 제가 아기에게 들려주었던 이야기를 책에 담을 수 있게 됐다는 소식을 들었을 때, 말로 표현할 수 없을 만큼 기뻤습니다. 처음 이 이야기를 쓸 때부터 저처럼 아기와 만나는 시간이 기쁘면서도 우울하고, 아기에게 고마우면서도 미안한 부모들에게 웃음을 전하는 이야기가 되기를 간절히 바랐습니다. 감사하게도 그 소망은 현실이 되었습니다.

꾸준히 참 많은 사랑을 받았습니다. '성경'이라는 글자를 달고도 일반 실용서 분야에 자리하며, '성경태교'가 비단 종교에 국한된 태교가 아니라는 걸 증명했습니다. 『성경태교동화』를 읽으며 좋은 마음으로 태교할 수 있었다는 독자들의 이메일을 참 많이 받았습니다. 아이가 자라면서 잠자리 책으로 다시 읽어주고 있다는 소식도 접했습니다. 이렇듯 많은 분들의 사랑을 받은 책이 새옷을 입는다는 소식에, 저는 가득 차오른 기쁨을 옆에 두고 이 글을 쓰고 있습니다.

이 책을 펼쳐주신 모든 분들에게 감사드립니다. 이 책이 배 속 아기와 함께 가정의 새로운 계절을 준비하는 여러분에게 웃음을 드릴 수 있기를 기도합니다. 배 속 아기도 함께 귀 기울이기를 기도합니다. 무엇보다 아이에게 이야기 건네는 것을 시작으로, 가정에 대화와 소통이 끊이지 않기를 기도합니다. 축복과 감사를 전하며….

2022년 오선화 드림

7

성경태교를 위한 길잡이

성품태교에 도움이 됩니다.

태교동화를 읽어주는 것도 중요하지만, 좋은 성품을 길러주는 것도 중요합니다. 성경에 나오는 성령의 아홉 가지 열매(사랑, 희락, 화평, 오래참음, 자비, 양선, 충성, 온유, 절제)는 모두 좋은 성품에 대한 덕목입니다. 그에 맞게 성경 이야기를 구성해서 동화태교뿐 아니라 성품태교도 할 수 있습니다.

이야기하듯 입말체를 사용했습니다.

이 책 속의 이야기는 모두 입말체를 사용했습니다. 입말체는 자연스럽게 말하는 듯한 문체입니다. 읽다 보면 책을 읽는다는 생각에서 자연스럽게 멀어집니다. 단순히 아기에게 책을 읽어주는 것이 아니라 마음을 담아 이야기를 건네고 있는 자신을 발견하게 될 것입니다.

자연스럽게 태담을 나눌 수 있습니다.

이야기를 시작하기에 앞서 '사랑하는 아가야'라고 아기에게 말을 건네는 부분이 있습니다. 자연스럽게 사랑하는 우리 아기의 이름을 부르면서 사랑을 고백합니다. 또, 앞으로 나올 이야기에 대한 아기의 호기심을 유발하는 부분이기도 합니다. 무엇보다 태담이 쑥스러운 엄마와 아빠에게 유용합니다. 그대로 따라 읽기만 하면 자연스럽게 태담이 되기 때문입니다.

성경에 충실했습니다.

성경에 나오는 이야기도 있지만, 성경의 내용을 바탕으로 창작한 이야기도 있습니다. 동화라는 장르이기 때문에 재미있는 상상을 더하기도 했지만, 무엇보다 성경에 충실했습니다. 동화 한 편이 끝날 때마다 성경 구절과 이야기에 등장한 인물에 대한 정보가 등장합니다. 어떤 부분도 성경을 거스르지 않도록 많은 정성을 기울였습니다.

오늘의 기도와 성경 묵상이 있습니다.

매일 우리 가정을 위해, 가정의 선물로 찾아온 아기를 위해 기도하고 싶은데, 분주한 일상은 그마저도 잘 허락하지 않지요. 그래서 이야기 한 편이 마칠 때마다 '오늘의 기도'를 준비했습니다. 신앙이 깊지 않은 분들도 함께할 수 있는, 쉽고 정직하고 진솔한 마음을 담은 기도입니다. 기도 안에는 성경 구절 묵상도 함께 들어있습니다. 그저 성경태교동화를 읽는 것만으로도 묵상과 기도를 함께할 수 있지요. 바쁜 일상 속에서 태교동화를 읽는 것이 부담이 아니라 위로가 되었으면 좋겠습니다.

좋은 성품을
갖길
바라요

Chapter 2

관계 맺기를
잘했으면
좋겠어요

나누고
섬기길
바라요

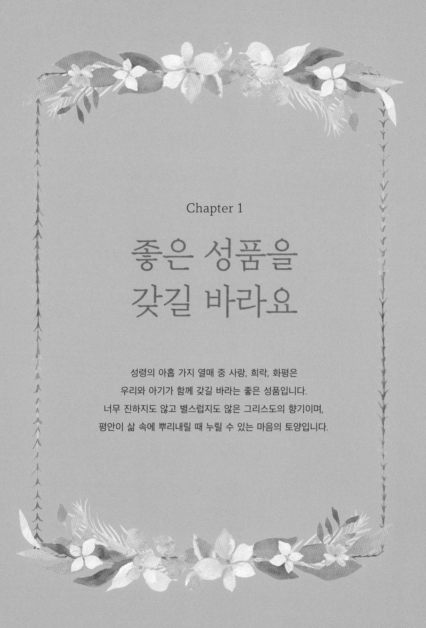

Chapter 1

좋은 성품을
갖길 바라요

성령의 아홉 가지 열매 중 사랑, 희락, 화평은
우리와 아기가 함께 갖길 바라는 좋은 성품입니다.
너무 진하지도 않고 별스럽지도 않은 그리스도의 향기이며,
평안이 삶 속에 뿌리내릴 때 누릴 수 있는 마음의 토양입니다.

첫 번째 열매

사랑

Love

사랑은 '성령의 아홉 가지 열매'를 모두 포함하는 열매로,
하나님을 사랑하고 나를 사랑하고 이웃을 사랑하는 마음이다.
시기하거나 질투하지 않는 마음, 나누고 겸손히 섬기는 마음,
소외시키지 않고 덮어주고 감싸는 마음을 포함하고 있다.

요한과 마리아는
무슨 이야기를 나눴을까?

사랑하는 아가야,
사랑은 큰 힘이 있단다.

서로의 있는 모습 그대로를 인정하고
슬픔과 기쁨을 나누어 가질 수 있게 해.
온유한 성품이 없던 사람에게 온유함을 선물하기도 하지.

지금부터 얘기할 사람은 요한이야.
그는 벼락처럼 화를 내던 사람이었는데
예수님의 사랑으로 온유함을 갖게 되었단다.

✿✿✿✿

　터벅터벅, 요한은 마리아와 함께 집으로 가는 길이었어. 집까지
는 먼 길인데다 굽이굽이 험한 산길을 걸어가야 했지. 요한은 자
신보다 마리아가 더 걱정되었어.

　"마리아, 괜찮으세요?"

　"그래, 괜찮다. 나 때문에 네가 더 힘들겠구나."

　"무슨 말씀이세요. 이제 마리아는 제 엄마인걸요. 모실 수 있다
는 것만으로 기쁩니다."

　요한은 마리아를 보며 활짝 웃었어. 마리아의 마음은 예수님을
잃은 슬픔으로 가득했지만 요한을 보며 힘을 얻었지.

　무슨 말이냐고? 사실은 조금 전에 예수님이 십자가에 매달리셨
거든. 십자가 주위는 몰려든 사람들로 웅성거렸고, 그들 중에 예수
님의 엄마인 마리아가 있었어. 그 곁을 요한이 지키고 있었지.

　마리아는 아들의 모습을 더 가까이에서 보려고 십자가로 조심

스럽게 다가갔지. 요한도 그 뒤를 따랐어. 그때, 예수님이 말씀하셨지.

"엄마, 이제부터 요한은 엄마의 아들이에요. 그리고 요한아, 우리 엄마는 이제 너의 엄마야."

예수님이 요한에게 마리아를 부탁하신 거야. 앞으로 엄마를 보살필 사람으로 요한을 선택하신 거지. 그래서 요한은 마리아와 함께 길을 가게 되었단다. 자신의 집에서 마리아를 모시려고 말이야.

마리아가 말했어.

"요한! 힘이 드는구나. 잠시 쉬었다 갈까?"

요한은 나무 그늘을 가리키며 대답했지.

"네, 그래요. 저기 앉으세요."

요한과 마리아는 나무 그늘에 앉아 하늘을 보았어. 뭉게구름 속에 예수님의 웃는 얼굴이 보였지. 그때 바람이 휭 지나가지 뭐야. 바람을 타고 예수님의 다정한 목소리가 들리는 것만 같았어. 두 사람은 온통 예수님 생각뿐이었거든.

"요한, 너도 예수 생각을 하는구나."

"네, 예수님은 참 사랑이 많은 분이셨어요."

"그럼, 모든 사람한테 그랬지만 특히 너를 사랑하고 믿었지."

"네, 처음부터 그러셨어요. 예수님의 특별한 사랑을 마음으로 느낄 수 있었지요."

요한은 지그시 눈을 감았어. 드넓은 바다 풍경이 펼쳐졌지. 철썩철썩 파도 소리가 들리는 갈릴리 바닷가에서 예수님을 처음 만났거든. 그때 요한은 그물을 손질하고 있었는데, 어디선가 우렁찬 목소리가 들렸던 거야. 그 목소리는 메아리처럼 울려 퍼졌지.

"나를 따르라!"

요한이 깜짝 놀라서 돌아보니 예수님이 서 계셨어. 봄 햇살처럼 따뜻한 눈빛으로 요한을 바라보고 계셨지. 요한은 어리둥절했어. 예수님이 갑자기 따라오라고 말씀하시니 그럴 수밖에. 하지만 망설이지 않았지. 그물을 툭 던져두고 예수님을 따라갔어. 예수님은 미소를 지으셨지. 순종하며 따르는 요한의 모습이 무척 사랑스러웠던 거야. 요한을 바라보는 예수님의 눈빛이 반짝반짝 빛났어.

그때를 떠올린 요한의 입가에 미소가 그려졌어. 마리아가 물었지.

"요한, 왜 갑자기 웃느냐?"

"예수님이 저를 바라보며 미소 지으셨던 모습이 생각나서요. 저는 무척 당황했거든요. 그런데 예수님은 너무나 당연하다는 듯 따라오라고 하셨어요. 그때부터 저는 예수님의 사랑을 받았어요. 사랑을 받는다는 게 얼마나 행복한지 그때 알았지요."

"그럼, 그럼. 사랑은 사람의 마음을 움직일 만큼 큰 힘이 있지."

"네, 맞아요. 그런데 예수님이 지어준 제 별명이 뭔지 아세요?"

"글쎄, 뭐였지?"

"보아너게, 우레의 아들이란 뜻이지요."

"우레? 천둥 말이냐?"

"히히, 맞아요. 세가 사마리아 사람들에게 천둥처럼 화를 냈거든요. 예수님과 함께 사마리아를 지나는데, 사람들이 예수님을 싫다고 하는 거예요. 그 모습을 보니 어찌나 화가 나던지 참을 수가 있어야지요. 그래서 예수님께 물었어요. 하늘에서 불이 내려와 저 사람들을 없애길 원하시냐고요."

"하하, 예수가 그렇다고 할 리가 없지."

"히히, 그러니까요. 예수님께 얼마나 혼이 났는지 몰라요. 그 이후로 많이 깨달았어요. 자신을 싫어하는 사람들까지 감싸 안으시는 예수님을 보면서 진정한 사랑이 무엇인지 알게 되었지요. 그래서 예수님처럼 사람들을 사랑하려고 노력했어요."

"그래, 그런데 지금은 널 우레의 아들이라고 할 사람은 없겠구나. 포근한 구름의 아들이라고 불러야겠는걸."

요한과 마리아는 마주 보며 웃었어. 예수님을 생각하면 울컥 슬픔이 밀려왔지만, 기뻐하려고 노력했어. 예수님이 그걸 바라실 테니까 말이야.

두 사람은 옷 먼지를 훌훌 털어내고 일어났어. 날이 어두워지기 전에 도착하려면 서둘러야 했거든. 한참을 가다가 요한이 입을 열었어.

"마리아, 제가 정말 정성껏 모실게요. 예수님의 말씀처럼 이제 저의 엄마시니까요. 맛있는 것도 함께 먹고, 발도 씻겨드릴게요."

"아니, 발을 씻겨준다니?"

"예수님과 마지막으로 식사했을 때, 예수님께서 제 발을 씻겨주셨거든요. 그 손길이 얼마나 부드럽던지. 발가락 사이사이를 정성껏 씻겨주시는데 정말 감동이었어요. 사랑은 말하지 않아도 느껴지는 것이더라고요. 참! 자랑할 것이 있어요."

"하하, 무슨 자랑이니?"

"저요, 예수님 품에 안기기도 했어요. 그 품이 얼마나 따뜻했는지 몰라요. 마치 엄마 품속 같았어요. 그 순간을 평생 잊지 못할 거예요."

요한의 말을 듣고 마리아는 생각했대.

'예수가 요한을 정말 특별히 사랑했구나. 그 사랑을 듬뿍 받았으니 요한이 이처럼 밝은 성품이 되었겠지. 암, 그렇고말고'라고 말이야.

드디어 요한과 마리아가 집에 도착했어. 문을 열고 들어가며, 요한은 다시 한번 다짐했지. 마리아를 정성껏 모실 거라고 말이야. 예수님께 배운 겸손하고 헌신적인 사랑을 실천하겠다고 마음먹었던 거야. 그런 요한의 다짐은 오래도록 변함이 없었어. 요한과 마리아는 함께 오래오래 행복하게 살았거든.

소중한 아가야,
요한은 사랑을 받고 변화한 사람이지?
엄마 아빠도 우리 아가한테 많은 사랑을 줄 거야.

예수님만큼은 아니어도
정말 많이 사랑하도록 노력할게.
우리 아기가 버럭버럭 화내는 사람보다는
온유한 사람이 되길 기도하면서 말이야.

오늘의 기도

사랑의 하나님,
우리에게 조건 없는 사랑을 부어주시는 하나님.

배 속 아기와 함께 사랑을
이야기할 수 있게 해주셔서 고맙고 감사합니다.
우리 가정이 사랑의 공동체임을
깨닫게 해주셔서 고맙고 감사합니다.

예수님처럼 사랑할 수는 없겠지만
예수님처럼 사랑하도록 노력하는 삶이고 싶습니다.
예수님의 사랑을 받아 변화된 삶을 사는 가정이고 싶습니다.

다음의 성경 말씀을 묵상하며 기도를 마칩니다.
주님의 사랑이 가득 넘치는 가정이기를 바라며,
오늘도 예수님의 이름으로 기도드립니다. 아멘.

사랑은 오래 참고, 친절합니다.

사랑은 시기하지 않으며, 뽐내지 않으며, 교만하지 않습니다.

사랑은 무례하지 않으며, 자기의 이익을 구하지 않으며,

성을 내지 않으며, 원한을 품지 않습니다.

사랑은 불의를 기뻐하지 않으며, 진리와 함께 기뻐합니다.

사랑은 모든 것을 덮어주며, 모든 것을 믿으며,

모든 것을 바라며, 모든 것을 견딥니다.

(고린도전서 13 : 4 – 7 새번역)

🍀 성경 말씀 따라 쓰기 🍀

야곱과 라헬이
이야기를 들려줄게

사랑하는 아가야,

요셉의 엄마와 아빠 이야기를 들려줄게.

두 사람은 아름다운 사랑을 나누었어.

그리고 하나님으로부터 요셉을 선물 받았지.

엄마랑 아빠도 서로 많이 사랑한단다.

그래서 하나님께서 우리 아기를 선물로 주신 거야.

"으앙으앙."

어디선가 아기의 우렁찬 울음소리가 들렸어. 지금 막 아기가 엄마 배 속에서 나왔거든. 아기는 울음으로 세상에 나왔다는 인사를 하는 거였어. 아기의 엄마와 아빠는 마음이 몽글몽글해졌어. 아기를 처음 만난 기쁨은 말로 설명할 수 없는 것이었거든.

엄마는 들뜬 목소리로 말했어.

"여보, 우리 아기를 보세요. 어쩌면 이렇게 예쁘죠?"

"허허, 그러게 말이오. 하나님께서 정말 예쁜 아기를 주셨어."

아빠 역시 한껏 들뜬 목소리였지. 집 안 가득 행복을 굽는 향기가 퍼졌어. 그 향기는 어떤 빵보다 고소하고 향긋했지. 엄마는 아기의 볼에 얼굴을 비비며 속삭였어.

"요셉, 사랑하는 내 아들 요셉."

그래, 이 아기가 바로 요셉이야. 요셉은 나중에 커서 꿈을 잘 해석하는 사람이 되지. 그래서 '꿈쟁이'라고 불리기도 해. 지금 꿈쟁이 요셉 이야기를 들려줄 거냐고? 아니, 아니. 그건 나중에. 지금은 요셉의 엄마와 아빠의 달콤한 사랑 이야기를 들려줄 거야.

뚜벅뚜벅 발소리가 들렸어. 누구의 발소리냐고? 요셉의 아빠, 야곱의 소리야. 야곱은 하란으로 가는 중이었지. 외삼촌 라반의 집이 하란에 있었거든.

한참을 걷던 야곱은 들판에 이르렀어. 초록빛 물결이 넘실거리는 들판이었지. 얼마쯤 더 가야 하란에 도착할지 궁금했던 야곱은 주위를 두리번거렸어. 그런데 매애매애 우는 양들만 보이는 거야. 야곱은 눈을 크게 뜨고 다시 한번 주위를 살폈어. 그러다 우물가에서 양떼에게 물을 먹이고 있는 목자들을 발견했지. 야곱이 얼른 다가가 물었어.

"여러분은 어디에서 오셨나요?"

"하란에서 왔습니다."

다행이라고 여기며 또 물었지.

"혹시 저의 외삼촌 라반을 아십니까?"

"아, 라반의 조카인가 보군요. 그럼 여기에서 기다리세요. 라반의 딸 라헬이 양을 몰고 올 시간이거든요."

"그렇군요. 정말 고맙습니다."

야곱은 꾸벅 인사하고는 자리를 잡고 앉아 라헬을 기다리기로 했어. 새들이 짹짹거리며 훌훌 날아갔지. 지저귀는 새소리가 기분 좋게 들리고, 콧노래가 절로 나왔어. 라헬을 만나면 외삼촌 댁을 바로 찾을 수 있다고 생각하니 마음이 한결 편해졌거든.

그때였어. 저 멀리 양을 몰고 오는 아가씨가 보였지. 야곱은 벌떡 일어나서 달려갔어.

"혹시 라헬인가요?"

"네, 그런데요. 누구시지요?"

"저는 당신 아버지의 여동생인 리브가의 아들, 야곱이에요."

"아, 아빠가 리브가 고모에 대해 말씀하셨던 기억이 나요. 고모의 아들이시라고요?"

"네, 외삼촌 댁을 찾아가는 중이었어요."

"어머, 그렇다면 저와 함께 가시지요."

터벅터벅, 라헬이 앞장서 걸었지. 뚜벅뚜벅, 야곱은 라헬을 따라갔어.

어느덧 날이 저물어 어둑어둑해질 무렵, 라헬이 손끝으로 가리키며 말했어.

"야곱, 이제 다 왔어요. 저기 보이는 집이에요."

집 안으로 들어서는 야곱과 라헬의 이마에 땀방울이 송골송골 맺혀 있었지. 라헬은 집으로 들어서며 큰 소리로 외쳤어.

"아빠, 아빠!"

라반이 의아한 표정으로 야곱을 바라보자, 라헬은 들뜬 목소리로 야곱을 소개했어.

"아빠, 리브가 고모의 아들 야곱이에요. 우리 집을 찾아오는 길에 만나서 함께 온 거예요."

"외삼촌, 안녕하세요? 제가 야곱입니다."

야곱이 밝은 목소리로 인사하자 라반은 환하게 웃으며 악수를 청했어.

"네가 리브가의 아들이냐? 네 엄마, 리브가는 잘 있느냐?"

야곱은 이러쿵저러쿵 엄마의 소식을 전했어. 라반은 야곱을 보고 마치 동생 리브가를 만난 듯 기뻐했어.

"야곱아, 이제부터 내 집에서 함께 살자꾸나!"

라반의 집에서 새 생활을 시작한 야곱은, 매애 양과 음매 소를 돌보는 일을 했어. 땀을 뻘뻘 흘리며 열심히 일했고, 뛰어난 목자가 되었지. 그런 야곱을 지켜보던 라반은 야곱에게 말했어.

"조카라지만 공짜로 일하게 할 수 없다. 일한 대가를 줄 테니 원하는 것을 말해보거라."

야곱은 고민할 필요가 없었어. 사실 야곱은 라헬을 사랑하고 있었거든.

"라헬을 사랑합니다. 라헬과 결혼하게 해주세요. 그러면 칠 년 동안 돈을 받지 않고 일하겠습니다."

"그래, 그렇게 하자꾸나."

라반이 라헬과의 결혼을 흔쾌히 허락하자 야곱은 하늘을 날 것 같은 기분이었지. 신이 난 야곱은 더욱 열심히 일했어. 날이 갈수록 라반의 양과 소가 많이 불어났지.

그리고 드디어 칠 년이란 시간이 흘렀어. 야곱의 마음속에는 행복이 가득했지. 사랑하는 라헬과 결혼할 생각을 하니 말이야.

어느 날, 라반의 집에 하나둘 사람들이 모여들기 시작했어. 성대한 잔치가 벌어졌거든. 바로 야곱의 결혼식이 있는 날이었지. 야곱이 무척 기뻤겠다고? 아니, 그렇지 않았어. 이날 야곱이 결혼할 사람은 라헬이 아니라 레아였거든.

레아가 누구냐고? 라헬의 언니야. 라반이 약속을 어긴 거지.

야곱은 홍당무처럼 빨개진 얼굴로 라반에게 물었어.

"외삼촌! 왜 저하고 한 약속을 어기셨습니까?"

라반은 난처한 표정으로 머리를 긁적이며 말했어.

"하란에서는 동생이 언니보다 먼저 결혼할 수 없단다. 네가 진정으로 원한다면 라헬과 결혼하도록 해주마."

"정말이십니까?"

"그래. 하지만 앞으로 칠 년을 더 일해야 한다."

다시 또 칠 년을 일하라니, 너무하지? 하지만 야곱은 그렇게 하겠다고 했어. 야곱이 라헬을 사랑하는 마음은 바다보다 깊었거든. 아마 어떠한 일도 라헬에 대한 야곱의 사랑을 막을 수는 없었을 거야.

야곱은 또 열심히 일했어. 그리고 싱글벙글 웃게 됐지. 정말 라헬과 결혼을 했거든. 라헬도 야곱을 보며 해처럼 밝게 웃었어.

물론 두 사람이 매일 웃을 수 있었던 건 아니야. 훌쩍훌쩍 울기도 했어. 야곱과 라헬의 사이에 아기가 생기지 않아서 말이야. 하지만 곧 다시 웃을 수 있게 됐어. 아기가 생겼냐고? 당연하지. 아까 요셉의 우렁찬 울음소리를 들었잖아. 오랜 기다림 끝에 요셉을 낳은 거야.

소중한 아가야,
요셉이 태어나던 순간에 야곱과 라헬은
하늘만큼 땅만큼 행복했을 거야. 엄마 아빠도 그래.
우리 아기가 태어나는 순간에 무척 행복할 거야.
하늘만큼 땅만큼 우주만큼 말이야.

 오늘의 기도

사랑의 하나님,
어제도 오늘도 내일도 우리를 사랑으로 이끄시는 하나님.

아기가 세상에 태어나는 날을 그려봅니다.
얼마나 예쁠까, 얼마나 사랑스러울까 생각하면
그저 웃음꽃이 활짝 피어납니다.

우리가 함께 행복할 그날을 꿈꾸며
오늘도 행복을 고백해봅니다.
이렇게 큰 행복을 선물해주셔서 참 감사합니다.

다음의 말씀을 묵상하며 기도를 마칩니다.
서로 사랑하라는 계명을 실천하고 사는
우리 가정이기를 바라고 원하며,
오늘도 예수님의 이름으로 기도드립니다. 아멘.

이제 나는 너희에게 새 계명을 준다.

서로 사랑하여라. 내가 너희를 사랑한 것 같이, 너희도 서로 사랑하여라.

너희가 서로 사랑하면, 모든 사람이 그것으로써

너희가 내 제자인 줄을 알게 될 것이다.

(요한복음 13 : 34 – 35 새번역)

🍀 성경 말씀 따라 쓰기 🍀

앗! 요나단이
다윗을 구하러 달려갔어

사랑하는 아가야,

사랑이 많은 사람은 온유한 성품을 지니고 있단다.

바로 요나단처럼 말이야.

요나단은 자신보다 뛰어난 친구 다윗을 질투하지 않았어.

진심으로 사랑했을 뿐만 아니라

온유한 마음으로 칭찬하며 아꼈대.

어디선가 쿵 소리가 들렸어. 무슨 소리냐고? 요나단이 정신없이 뛰다가 넘어지는 소리였지.

"왕자님, 괜찮으세요?"

하인이 걱정했지만 요나단은 벌떡 일어나 다시 뛰기 시작했어.

"괜찮다. 서둘러야 한다."

하인은 요나단의 뒤를 따라 달리면서 땀을 뻘뻘 흘렸어. 어린 하인은 요나단을 따라 달리는 게 너무 힘이 들었지.

"왕자님, 조금만 쉬었다 가요. 숨이 차서 더 이상 못 뛰겠어요."

요나단은 그제야 하인에게 미안한 마음이 들었어. 급한 마음에 하인을 배려하지 못했던 자신이 부끄러워졌지.

"그래. 쉬었다 가자. 그러나 오래 쉬지는 못한단다."

요나단의 허락이 떨어지자 하인은 바닥에 털썩 주저앉았어. 하지만 요나단은 편히 앉을 수가 없었지. 바위 뒤에 숨어있을 다윗을 생각하니 마음이 불편했거든. 그때 산들바람이 요나단의 귓가를 간질였어. 요나단은 다윗을 떠올렸지.

'다윗은 이 바람처럼 맑은 사람이야. 사람들이 모두 좋아하는 다윗을 아빠는 왜 싫어하실까?'

또 한번 바람이 불어왔어. 요나단은 바람이 불어온 쪽을 바라보며 골리앗을 이기고 돌아오던 날, 하하하 웃으면서 서 있던 다윗의 늠름한 모습을 떠올렸어.

그날 이스라엘 사람들이 우르르 거리로 몰려나왔어. 다윗이 블레셋 장수 골리앗을 넘어뜨렸다는 소식을 듣고 모두 들뜬 표정이었지.

골리앗은 마치 구름에 닿을 것처럼 키가 큰 사람이었어. 그가 창을 들고 있으면 이스라엘 사람들은 두려워 그저 벌벌 떨기만 했지. 그와 싸울 만한 용기가 있는 사람은 없었어.

그런데 어린 다윗이 골리앗을 이긴 거야. 그것도 물매(짤막한 몽둥이)와 돌멩이만 가지고 말이야. 어떻게 그럴 수 있었느냐고? 그건 하나님을 의지하고 용기를 냈기 때문이래.

"다윗은 정말 용감한 사람이야!"

"다윗이 골리앗을 이겼다! 다윗 만세!"

"다윗은 정말 대단하다니까."

사람들은 다윗을 칭찬했어. 그런데 이때, 사람들 틈에서 누군가 얼굴을 쑤욱 내밀었어. 누구냐고? 바로 요나단이었지. 요나단은 이스라엘에서 따를 사람이 없을 정도로 용감한 군인이었어.

하지만 사람들이 칭찬하고 있는 건 요나단이 아니잖아. 골리앗을 이긴 다윗이지. 그래서 요나단이 시무룩했냐고? 아니, 아니! 활짝 웃고 있었어. 다른 사람이라면 질투했겠지만 요나단은 그렇지 않았어. 요나단의 눈에는 다윗이 정말 용감하고 씩씩해 보였어. 샘내

성경 속 요나단은…

사울 왕의 큰아들이다. 전쟁의 승리는 사람의 많고 적음에 있지 않고 하나님의 능력에 있다는 신념을 가진 용사였다. 또한 믹마스의 가파른 계곡을 기어올라가 블레셋 군 이십 명을 쓰러뜨렸을 정도로 용맹스러웠다. 하지만 요나단의 제일가는 성품이라면 바로 '사랑'이다. 친구를 사랑하는 마음이 단연 1등이었다. 요나단은 자기가 이어받을 수 있는 왕위를 다윗이 차지하게 될 줄 알면서도 우정을 지켰다. 왕이라는 자리는 쉽게 포기할 수 없는 자리임이 분명하다. 그러나 요나단은 다윗을 향한 깊은 사랑과 우정으로 과감히 그 자리를 포기한 것이다. 다윗도 이를 알았기에 요나단이 죽은 후 요나단의 아들 므비보셋을 귀히 여기고 보호하여 요나단을 향한 사랑과 우정을 보여주었다.

기는커녕 친구가 되고 싶어 했지.

"다윗, 너의 친구가 되고 싶어. 변함없는 친구가 되자."

"그래, 나도 네가 마음에 들어. 마음을 나누는 친구가 되자."

다윗은 고개를 끄덕였어. 요나단의 진심이 느껴지니 어떻게 거절할 수 있었겠어? 마음이 통한 두 사람은 새끼손가락을 걸고 꼭꼭 약속했어.

그 후 요나단은 다윗을 목숨처럼 사랑하고 아꼈어. 말로만 사랑하는 것이 아니라, 사랑하는 마음을 행동으로 보여주었지.

자신의 겉옷을 벗어 다윗에게 입혀주기도 했어. 칼과 활과 군복도 다윗에게 주었지. 다윗에게 주는 건 무엇이든 아깝지 않았던 거야. 다윗은 이런 친구를 얻어 무척 뿌듯했지. 어깨도 으쓱으쓱했어.

그런데 기쁨은 잠시였어. 요나단의 마음과는 반대로 다윗을 미워하는 사람이 있었거든. 그는 바로 요나단의 아빠, 사울 왕이야. 아들과 아빠의 마음이 정반대였던 거야.

다윗이 골리앗을 물리치고 돌아오던 날, 사람들은 다윗을 칭찬하고 기뻐했어. 물론 요나단도 마찬가지였지. 그런데 사울 왕은 사람들이 다윗을 좋아하는 게 싫었어. 게다가 다윗을 칭찬하는 노래까지 듣게 된 사울 왕은 불쾌해하며 투덜댔어.

"흠, 다윗이 나보다 더 훌륭하다는 말인가?"

사울 왕은 다윗을 질투하고 미워했지. 사람들이 다윗을 좋아하면 다윗이 왕이 될지도 모른다고 생각했거든. 그럼 자신이 왕위에서 물러나야 하잖아. 다윗이 승리를 거두자 사울 왕의 미움은 풍선처럼 부풀었지. 결국 다윗을 해치기로 결심하고 명령을 내렸어. 하지만 요나단이 가만히 있었겠어? 다윗에게 헐레벌떡 달려갔지.

"다윗아, 너 위험할지도 몰라. 얼른 꼭꼭 숨어있어."

다윗은 요나단의 말대로 꼭꼭 숨었어. 요나단은 아빠에게 가서 또박또박 말했지.

"아빠, 다윗을 왜 미워하시는 거죠? 다윗은 제가 생명처럼 사랑하는 친구입니다. 착한 사람이고요. 우리나라를 여러 번 구한 영웅이잖아요? 해친다는 말씀은 하지 말아주세요."

요나단의 말에 사울 왕은 부끄러운 마음이 들었지.

'그래, 내가 왜 다윗을 해치려고 했지? 다윗은 목숨을 걸고 나라를 구한 사람인데 말이야.'

사울 왕은 요나단에게 부드럽게 말했어.

"요나단아, 내가 잘못 생각했다. 다윗을 해치지 않을 테니 걱정하지 말거라."

요나단은 그제야 마음이 놓였어. 너무 기뻤지. 그러나 사울 왕의 마음은 금세 변했어. 요나단의 말을 듣고 잘못을 뉘우치는 마음이 생긴 건 아주 잠시였지. 사울 왕의 미움은 점점 더 부풀었어. 그 미움은 결국 큰일을 저지르고 말았지. 무슨 일이냐고? 사울 왕이 다윗에게 창을 던진 거야. 다윗은 너무 놀라서 눈을 질끈 감았어. 다행히 창은 벽 쪽으로 날아갔고, 다윗은 궁전 밖으로 도망쳤지. 화가 난 사울 왕은 병사들에게 명령했어.

"어서 빨리 다윗을 잡아라!"

다윗은 집으로 도망쳐 문을 철커덕 잠갔어. 이제 괜찮냐고? 그랬으면 좋았겠지만, 병사들이 집까지 쫓아와 쿵쿵쿵 쾅쾅쾅 문을 두드렸지 뭐야. 다윗은 창문을 훌쩍 넘어 담벼락 뒤에 숨어서 저녁이 될 때까지 잠자코 기다렸지. 그리고 캄캄한 밤이 되어서야 몰래 궁전으로 들어갔어. 사울 왕이 있는 궁전에는 왜 갔냐고? 요나단을 만나고 싶었던 거야.

두리번거리던 다윗은 요나단과 눈이 딱 마주쳤어. 서로 얼마나 반가워했는지 몰라.

"다윗, 네가 내 앞에 있다니 꿈만 같아. 무사했구나."

"요나단, 내가 도대체 뭘 잘못한 거니? 너희 아빠는 왜 날 미워하는 거야?"

다윗의 말에 요나단은 마음이 아팠어. 사랑은 기쁨과 슬픔을 함께 나누는 마음이잖아. 요나단은 다윗의 슬픔이 꼭 자신의 슬픔처럼 느껴졌지.

"다윗, 나도 모르겠어. 일단 우리가 함께 걷던 들판의 바위 뒤에 숨어있을래? 아빠의 생각을 알아보고 바로 그리로 갈게."

요나단은 다윗을 보내고 돌아섰어. 발걸음이 돌을 얹은 듯 무거웠어. 사랑하는 친구와 함께 궁전에서 살 수 있다면 얼마나 좋을까? 요나단은 다윗과 이야기하고, 공부하면서 오래오래 함께 있고 싶었지. 하지만 그럴 수 없었어. 다윗과 함께 살고 싶다고 아빠를 떠날 수도 없잖아. 요나단은 다윗을 사랑하는 것만큼이나 아빠를 무척 사랑했거든.

다음 날, 요나단은 궁전에서 열리는 만찬에 참석했어. 다윗이 걱정되어서 맛있는 음식도 눈에 들어오지 않았지. 사울 왕과 신하들이 한자리에 모였지만 다윗의 자리는 텅 비어 있었어. 사울 왕이 요나단에게 물었어.

"다윗은 왜 나오지 않느냐?"

"다윗은 고향 베들레헴으로 내려가길 원해서 허락해주었어요."

요나단은 사울 왕의 생각을 떠보려고 그렇게 말한 거야. 그러고는 사울 왕의 얼굴을 살폈어. 제발 화내지 않기를 바랐지. 하지만 요나단의 바람은 순식간에 물거품이 되고 말았어. 자리에서 벌떡 일어난 사울 왕이 마구 소리를 지르기 시작했거든.

"다윗이 살아 있으면 나라가 엉망이 되고, 너도 편하지 못해. 그런데도 다윗을 고향으로 보냈다고? 당장 다윗을 잡아 오너라!"

아빠의 마음을 분명히 알게 된 요나단은, 얼른 다윗을 구해야 한다고 생각했어. 그래서 하인을 데리고 들판으로 달려가게 된 거야.

잠시 앉아 쉬는 동안, 마치 영화처럼 요나단의 눈앞에 다윗과 함께한 순간들이 스쳐 지나갔어. 처음 만난 순간부터 지금까지의 일들이 한눈에 보이는 듯했지. 다윗 생각에 잠긴 요나단은 넋을 잃은 것 같았어. 그 모습을 본 하인이 큰 소리로 요나단을 불렀지.

"왕자님, 왕자님!"

요나단은 그 소리에 정신이 번쩍 들었어. 자신도 모르게 눈가에 눈물이 맺혀 있었지. 다윗을 생각하다가 화내는 아빠의 모습까지 떠올랐던 거야. 멍하니 생각에 잠겨서 다윗에게 가야한다는 것을 잊고 있었다는 걸 깨달은 요나단은 얼른 자리에서 일어났어.

"얘야, 얼른 가자."

요나단은 다윗이 있는 들판을 향해 뛰었어. 그런데 다윗을 어떻

게 구하려는 걸까?

요나단은 다윗이 숨어있는 바위 가까이에 가서 화살을 꺼냈어.
화살을 쏘고는 하인에게 말했지.

"얘야, 화살이 네 앞쪽에 있다. 얼른 주워오너라."

다윗은 요나단의 목소리를 듣고 두 팔을 늘어뜨린 채 고개를 푹
숙였어. 가슴이 철렁 내려앉았지. 왜 그랬냐고? 요나단이 미리 일
러둔 말을 기억하고 있었기 때문이야.

"다윗아, 내가 화살을 쏘고, 하인에게 화살을 찾으라고 말할게.

화살이 이쪽에 있으니 가져오라 하면 상황이 괜찮은 거야. 그런데 만약에 화살이 네 앞쪽에 있다고 말하면 위급한 상황이라는 뜻이니 네 길을 가라."

그러니까 요나단은, 다윗을 구할 방법을 미리 생각해두었던 거야. 요나단이 화살이 앞쪽에 있니고 했으니 다윗이 놀랄 수밖에 없었겠지? 떠나라는 뜻이잖아. 다윗은 한숨만 나왔어.

"왕자님, 화살을 주워왔습니다."

"그래, 먼저 궁전으로 돌아가라. 나는 조금 있다가 뒤따라갈게."

"네, 왕자님. 조심해서 오세요."

하인이 떠나자 다윗이 모습을 드러냈어. 다윗은 요나단에게 세 번 절을 한 후에 입을 맞추었어.

"요나단, 너처럼 나를 사랑해주는 친구는 또 없을 거야."

"사랑하는 친구야, 너를 내 생명같이 사랑해. 하지만 지금은 떠나보내야겠지. 평안히 가라! 하나님께서 나와 너 사이에 계시고, 내 자손과 네 자손 사이에 계실 거야."

요나단은 다윗을 배웅하고 궁전으로 터벅터벅 돌아갔지. 그런 요나단의 모습을 바라보는 다윗의 눈에 눈물이 방울방울 맺혔어. 그렇게 다윗은 요나단의 사랑을 가슴에 품고 길을 떠났단다.

소중한 아가야,
친구를 향한 요나단의 사랑이 대단하지?

요나단은 사울 왕이 사실을 알게되면
자신을 벌하리란 걸 알고 있었어.
그런데도 위험을 무릅쓰고 친구를 구한 거야.

우리 아가도 요나단의 사랑을 기억했으면 좋겠어.
나중에 요나단처럼 좋은 친구가 되어주길 기도할게.

 오늘의 기도

사랑의 하나님,
사랑을 걷고 사랑을 행하고 사랑을 삶으로 보시는 하나님,
우리도 당신의 사랑을 닮으며 걸어가기를 소망합니다.

우리에게도 우리를 사랑하는
좋은 친구가 늘 함께하기를 바라지만,
그보다 먼저 우리의 친구에게
좋은 친구가 되는 우리이기를 바랍니다.
곁에 있는 사람들에게 우리가 선물이 되면 좋겠습니다.

다음의 성경 말씀을 묵상하며 기도를 마칩니다.
주께서 우리를 사랑한 것같이
우리도 서로를 사랑하기를 간절히 바라며,
오늘도 예수님의 이름으로 기도드립니다. 아멘.

내 계명은 이것이다.

내가 너희를 사랑한 것과 같이, 너희도 서로 사랑하여라.

사람이 자기 친구를 위하여 자기 목숨을 내놓는 것보다 더 큰 사랑은 없다.

내가 너희에게 명한 것을 너희가 행하면, 너희는 나의 친구이다.

(요한복음 15 : 12 – 14 새번역)

🍀 성경 말씀 따라 쓰기 🍀

두 번째 열매

희락

Joy

희락은 성령의 은혜로 누리는 기쁨과 행복을 의미한다.
매사에 감사하고 만족을 느끼는 마음, 항상 기뻐하는 마음,
긍정의 마음, 좋은 것과 아름다움을 추구하는 마음을 지니면
희락이 넘치는 삶을 살 수 있다.

야호!
삭개오는 얼미나 기뻤을까?

사랑하는 아가야,

희망을 가진 사람은 기쁨도 가질 수 있단다.

희망이 진짜 현실이 되는 날을 꿈꿀 수 있으니까 말이야.

삭개오도 희망을 가진 사람이었어.

아무리 힘들고 괴로워도 희망을 가지고 웃음을 잃지 않았지.

지금부터 희망을 품은 삭개오의 이야기를 들려줄게.

❆❆❆❆

저기 저쪽에서 삭개오가 걸어오자, 사람들은 삭개오를 보며 속 닥거렸어.

"쯧쯧, 저런 방법으로 부자가 되면 행복할까?"

"그러게. 자기 백성들 돈을 빼앗아서 로마에 바치다니."

"세리장이니까 엄청난 부자가 될 거야. 우리들의 세금을 그렇게 많이 걷으니 말이야."

그 소곤거림을 삭개오는 듣고 말았어. 서둘러 지나가고 싶었는데 말이야. 다리가 후들후들 떨려서 생각처럼 빨리 걸을 수가 없었지.

다음 날, 저 앞에 사람들이 또 몰려있었어. 삭개오는 그곳을 지 나가야 했지. 삭개오는 벌써부터 걱정이 됐어. 또 사람들이 수근거 릴 테니까. 하지만 어쩔 수 없잖아. 사람들이 뭐라 해도 세금을 걷 는 것이 삭개오의 일인걸. 삭개오는 주먹을 불끈 쥐고 용기를 냈어.

그리고 뚜벅뚜벅 걸어가는데, 어! 신기한 일이 일어났어. 사람들이 소곤소곤 이야기를 하는데, 삭개오의 이야기가 아닌 거야. 사람들은 자신들의 이야기에 열중하느라고 삭개오가 지나가는 것도 몰랐지. 삭개오는 무슨 일인지 궁금해서 귀를 쫑긋 세웠어.

"예수님이 앞을 보시 못하는 남자를 고치셨다면서요?"

"아, 그렇대요. 그 사람이 눈을 번쩍 떴다지 뭐예요! 병든 여자도 고쳐주셨대요."

"그것뿐이 아녜요. 죄를 지은 사람도 용서해주신대요."

"네, 나도 그 이야기는 들었어요. 사람들을 차별하지 않고 사랑해주신다면서요."

삭개오는 그 말을 듣고 생각했어. '사람들이 싫어하는 세리도 사랑해주실까?' 하고 말이야. 그러고는 고개를 절레절레 흔들었지. 그럴 리가 없다고 생각했거든. 그렇지만 만약에 소문이 사실이라면, 예수님을 꼭 만나고 싶었어. 이런저런 생각을 하다 보니 어느새 세금을 걷을 집에 다다랐지. 삭개오는 문을 똑똑똑 두드렸어.

"누구세요?"

삭개오는 화들짝 놀랐어. 이 집은 앞을 못 보던 남자의 집이었거든. 그런데 그 남자가 눈을 껌벅거리며 삭개오를 보고 있지 뭐야. 삭개오는 당황한 얼굴로 물었어.

"당신은 앞을 못 보지 않았나요?"

"네, 예수님이 눈을 뜨게 해주셨어요."

남자는 환하게 웃었어. 행복을 가득 머금은 웃음이었지. 삭개오는 우두커니 서서 그 남자를 바라보았어. 무척 행복해 보이는 모습이 부러웠거든. 문득 삭개오의 귓가에 사람들의 이야기 소리가 다시 들려왔어.

"예수님이 앞을 보지 못하는 남자를 고치셨대요."

"예수님은 아무리 많은 죄를 지었어도 용서해주신대요."

"예수님은 사람들을 차별하지 않고 사랑해주신대요."

삭개오의 심장이 콩닥콩닥 뛰었어.

'예수님이라면 나도 사랑해주실까? 정말 그런 예수님이라면 꼭 만날 거야.'

삭개오의 마음에 자신도 사랑받을 수 있다는 희망이 싹텄어. 삭개오는 두리번거렸지. 예수님을 만나려면 어디로 가야 할지 몰랐거든. 하지만 금세 알 수 있었지. 사람들이 한쪽으로 우르르 몰려가고 있었어.

"얼른 예수님을 만나러 가자고!"

"비켜, 비켜! 내가 먼저 갈 테야!"

사람들은 앞다투어 뛰어갔어. 삭개오도 뛰기 시작했지.

"여기야 여기! 예수님이 이곳을 지나가신다는 소식을 들었다고."

사람들은 일제히 멈춰 섰어. 예수님을 보기 위해 정말 많은 사람들이 모였지. 삭개오는 사람들 틈에서 꼼짝도 할 수 없었어. 왜냐고? 앞사람의 등과 뒷사람의 배 사이에 끼여 있었거든. 삭개오는 키가 아주 작았기 때문에 삭개오의 눈에는 사람들의 어깨만 보였어.

'이대로 있으면 예수님이 지나가도 날 보지 못할 거야. 어쩌지?'

삭개오는 이런저런 궁리 끝에 이마를 탁 쳤어.

'그래! 어딘가 높은 곳으로 올라가면 되겠어.'

하지만 높은 곳이 어디 있을까? 삭개오는 두리번거리며 올라갈 곳을 찾다가 눈이 휘둥그레졌어. 야호! 뽕나무를 발견했거든. 높다란 뽕나무에 올라가면 예수님을 볼 수 있을 것 같았어. 신이 나서 히죽히죽 웃음이 났지.

삭개오는 사람들 틈을 비집고 나왔어. 작은 키 덕분에 요리조리 잘 빠져나올 수 있었지. 드디어 뽕나무 앞에 도착한 삭개오는 나무를 올려다 봤어. 생각보다 높았지만, 숨을 한 번 크게 내쉬고 손아귀에 힘을 줬어. 그리고 척척 올라갔지.

"야호! 내가 해냈어!"

삭개오는 뽕나무 위에 올라가 아래를 내려다봤어. 마침 뽕나무 아래로 지나가시는 예수님을 발견했지. 그때 삭개오는 깜짝 놀랐어. 예수님이 발걸음을 멈추고 삭개오를 바라보셨거든.

"사랑하는 삭개오야! 그곳에 올라가느라 고생했구나. 나를 간절히 만나고 싶어 했던 너의 마음을 알고 있다. 얼른 내려와라. 내가 오늘 네 집에서 쉬어야겠다."

삭개오는 자기 볼을 꼬집었어. 아야! 아픈 걸 보니까 꿈은 아니었지. 예수님이 삭개오의 이름을 부르며 집에 머물겠다고 하셨어. 게다가 사랑하는 삭개오라고 부르셨지.

성경 속 삭개오는…

성경 시대에 나라의 세금을 거두던 이들을 세리라고 한다. 세리들은 악질적으로 과다한 세금을 거두기 일쑤였다. 정해진 세금 외에도 차액을 두어 스스로의 이익을 챙겼던 것이다. 때문에 사람들은 세리들을 싫어했다. 삭개오는 세리들의 장이었기에 더욱 많은 미움을 샀다. 사람들의 미움을 받는 것이 일상화되어 있던 그는 마음에 커다란 상처를 받음은 물론이고 기쁨이 없었다. 그런 그에게 예수님은 기쁨을 누리게 해줄 분으로 인식되었고, 뽕나무에 올라갈 정도로 간절히 예수님을 만나길 바랐다. 삭개오의 마음을 아신 예수님은 그를 불러 그의 집에 머물겠다고 하셨다. 당시 예수님을 모신다는 것은 큰 영광이었기에 그의 기쁨은 배가 되었다.

삭개오는 얼마나 기뻤을까? 뽕나무에 올라갔을 때보다 몇십 배는 더 기뻤대. 삭개오는 서둘러 나무에서 내려왔어. 그리고 예수님께 고백했지.

"예수님, 제가 가진 돈의 절반을 가난한 사람들에게 나누어 줄게요. 제가 누구의 돈을 속여서 빼앗았다면 네 배로 갚을게요."

예수님은 삭개오를 바라보면서 얼마나 기쁘셨을까? 삭개오의 착한 마음을 발견한 예수님은 무척 기쁘셨을 거야. 예수님은 흐뭇하게 웃으며 말씀하셨어.

"삭개오야, 너의 집이 구원되었다."

그리고 모든 사람이 듣도록 크게 외치셨어.

"내가 온 이유가 바로 이와 같이 잃어버린 자를 찾아 구원하기 위해서다."

사람들은 고개를 끄덕거리며 이야기했지.

"세리장 삭개오를 구원해주시다니. 예수님은 정말 좋은 분이야."

"삭개오도 우리 생각보다는 좋은 사람인걸. 가난한 사람들에게 돈을 나누어 주겠다고 했잖아."

예수님께서 정말 삭개오의 집에 가셨냐고? 그럼, 그럼. 예수님은 약속을 잘 지키는 분이신걸. 정말 삭개오의 집에 가서 쉬셨지.

삭개오가 얼마나 기뻐했냐고? '야호!' 하고 백 번은 외치고 싶었대. 온 세상이 분홍빛으로 물든 것 같았고 말이야. 하늘을 나는 것 같은 기분이었지.

소중한 아가야,
엄마랑 아빠는 삭개오의 기분을 알 것 같아.
엄마 배 속에 우리 아기가 생겼을 때 그런 기분이었거든.
'야호!'를 백 번 외치고 싶고, 하늘을 나는 것 같은 기분 말이야.

네가 엄마 아빠를 만날 때에도 그런 기분이면 좋겠다.
그런 기분을 함께 느낄 수 있는 우리였으면 좋겠어.

 오늘의 기도

희락의 하나님,
일상에서 당신을 만나는 우리이기를,
일상에서 영성을 가꾸는 우리이기를 기도합니다.

매일 기쁠 수는 없겠지만 서로의 존재가 그저 기쁨이기를,
항상 감사할 수는 없겠지만 서로가 항상 감사의 제목이기를,
진심으로 바라고 기도합니다.

다음의 말씀을 묵상하며 기도를 마칩니다.
주께서 우리를 지으셨으니
우리는 주의 백성임을 고백합니다.

오늘도 예수님의 이름으로 기도립니다. 아멘.

온 땅아, 주님께 환호성을 올려라.

기쁨으로 주님을 섬기고, 환호성을 올리면서, 그 앞으로 나아가거라.

너희는 주님이 하나님이심을 알아라.

그가 우리를 지으셨으니, 우리는 그의 것이요,

그의 백성이요, 그가 기르시는 양이다.

(시편 100 : 1 – 3 새번역)

🍀 성경 말씀 따라 쓰기 🍀

어머! 다니엘은
시자 굴보 들어가도 괜찮대

사랑하는 아가야,

다니엘은 감사하는 마음으로 하나님을 섬겼대.

그는 항상 기뻐하는 사람이었거든.

마음이 기쁘고 즐거우면 감사는 저절로 샘솟기 마련이란다.

우리도 다니엘에게 한번 배워볼까?

항상 기쁘게 사는 법을 말이야.

이번에는 메대 왕국의 왕실을 구경해볼까? 문을 살짝 열고 들어가 보는거야. 어마어마하게 큰 문이라 잘 안 열리네. 힘주어 열어보자. 영차영차. 어라, 어디선가 하하하 웃음소리가 들리네. 무슨 기쁜 일이 있냐고? 슬슬 궁금해지는데, 한번 들어가보자.

"하하하, 다니엘, 너는 정말 지혜롭구나."

"하하하, 감사합니다."

아, 다리오 왕이 다니엘을 칭찬하고 있었어. 칭찬은 해주는 사람과 받는 사람, 모두를 기쁘게 하잖아. 그래서 다리오 왕과 다니엘이 같이 웃고 있는 거야.

그런데 씩씩거리는 소리도 들리네. 누구지? 아, 다른 총리와 신하들이 다니엘을 질투하는 소리였구나.

"흥, 왕이 또 다니엘 총리만 칭찬하고 있군."

"그러게 말이네. 우리보다 더 높은 자리에 올라가면 어쩌지."

"이대로는 안 되겠네. 우리가 다니엘의 잘못을 찾아내서 왕에게 고하면 어떻겠나?"

"그래, 그거 좋은 생각이네."

디니엘을 미워하는 신하들은 다니엘을 살금살금 쫓아다녔어. 졸려서 눈이 끔벅거려도, 배가 고파 꼬르륵꼬르륵 소리가 나도 다니엘만 살폈지. 하지만 다니엘은 아무런 잘못도 하지 않았어. 항상 왕을 위해서 일하고, 사람들을 도왔지. 얼굴 한번 찡그리지도 않고 하하하 웃으며 하루를 마쳤어. 기쁜 마음을 가진 다니엘은 항상 웃을 수 있었거든.

그러던 어느 날이었어. 오늘도 다니엘의 뒤를 졸졸 따라다니던 신하들이 동그랗게 모여 이렇게 말했지.

"오늘은 다니엘이 집에 들어가더라도 조금 더 지켜보자고. 그럼 분명히 잘못을 잡아낼 수 있을 거야."

"그래, 오늘은 꼭 잘못을 잡아내세."

어쩌면 좋아. 마음씨 고약한 신하들이 단단히 벼르고 있었나 봐. 하지만 집에 도착한 다니엘은 이 사실을 몰랐지. 신하들은 다니엘이 집 안으로 들어가도 돌아가지 않았어. 집 앞에서 눈을 동그랗게 뜨고 지켜보았지.

시간이 얼마나 지났을까? 다니엘이 성큼성큼 계단을 올라 이층 방으로 가는 거야. 그리고 예루살렘 쪽으로 난 창문 앞에 무릎을 꿇고 앉아서 두 손을 모아 기도했어. 다니엘은 이렇게 하루에 세 번씩 하나님께 기도를 드렸거든.

"하하하."

다니엘의 웃음소리냐고? 아니, 다니엘을 지켜보던 한 신하의 웃음소리였어. 한참을 웃더니 옆에 있던 다른 신하들에게 소곤소곤 속닥속닥 이야기했어. 그랬더니 신하들도 따라서 하하하 웃지 뭐야. 도대체 무슨 속셈일까?

다음 날, 신하들은 왕궁으로 달려가 임금님을 불렀어.

"임금님, 임금님! 당신은 위대한 왕이십니다."

다리오 왕은 그 말에 솔깃해서 물었어.

"흠, 그렇지. 그런데 왜 그러느냐?"

"앞으로 삼십 일 동안 임금님 외에는 누구에게도 절이나 기도를 하지 못하도록 하는 법을 만들면 어떨까요? 임금님은 위대하시니까요. 만약 이 법을 지키지 않는 사람이 있으면 사자 굴에 던져 버리세요. 그러면 사람들이 임금님을 더욱 잘 섬길 거예요."

신하들은 그 법의 내용을 종이에 써서 왕에게 내밀었지. 왕은 고개를 끄덕였어. 신하들이 자신을 위해 그런 법을 만드는 거라고 믿었거든. 왕이 허락하자 신하들은 사람들 앞에 나가서 법을 발표했어.

"모두 잘 들으시오. 지금 새로운 법이 생겼습니다. 앞으로 삼십 일 동안 임금님 이외에 다른 사람에게 절이나 기도를 하면 안 됩니다. 만약 법을 어기면 사자 굴에 들어가야 합니다."

사람들은 모두 그 소리를 들었어. 물론 다니엘도 들었지. 다니엘은 가던 길을 멈추고 우뚝 서서 생각했어. '어쩌지, 나는 하나님께 세 번씩 기도를 해야 하는데' 하고 말이야. 하지만 아주 잠깐이었어. 곧 다시 씩씩하게 길을 걸어갔지. '아무리 법이라고 해도 하나님께 기도드리는 일을 멈출 수는 없지'라고 생각했거든. 하늘을 올려다보았어. 뭉게뭉게 구름 속에서 하나님이 웃고 계신 것처럼 느껴졌지.

"하나님! 저는 사자 굴에 들어가도 괜찮아요. 하나님께서 지켜주실 거라고 믿거든요."

다니엘은 하늘을 향해 큰 소리로 외쳤어. 그랬더니 신기하게도 용기가 불끈 솟고 기분도 한결 좋아지더래. 다니엘은 가벼운 발걸음으로 걸어갔어. 집에 도착해서 여느 때처럼 이층으로 올라갔지.

성경 속 다니엘은…

다니엘이란 이름은 '하나님은 나의 재판관'이라는 뜻이다. 바벨론이 예루살렘을 포위하고 있을 때 왕족 및 귀족들이 포로로 잡혀갔는데 다니엘도 포로 중 한 명이었다. 그는 지혜롭고 총명하였다. 느부갓네살 왕의 기묘한 꿈을 해석한 일로 신임을 얻어 바벨론의 총리가 되었지만, 다윗이 그랬던 것처럼 많은 이들의 시기를 받았다. 때문에 다니엘은 갖은 모함을 받고 함정에 빠지기 일쑤였다. 사자 굴 사건도 함정 중 하나였다. 굶주린 사자들은 먹잇감이 던져지기가 무섭게 물어뜯는 것이 습성이다. 그런 사자 굴에 던져진 다니엘은 먹잇감이 되어 처참한 신세가 되었어야 했지만 하나님은 그를 버려두지 않으시고 도우셨다. 사자 굴에서 하나님의 손길을 느낀 다니엘의 기쁨과 감사는 말로 표현할 수 없었을 것이다.

창문을 활짝 열고 무릎을 꿇었어. 경건한 마음으로 기도를 하기 시작했지. 집 밖에서 호시탐탐 다니엘을 엿보고 있던 신하들은 신이 나서 다리오 왕에게 쏜살같이 달려갔대.

"임금님, 임금님! 다니엘 총리가 새로운 법을 어기고 자신이 믿는 신에게 기도를 하고 있습니다. 다니엘을 사자 굴에 넣어야 합니다."

"뭐라고? 다니엘이?"

다리오 왕은 깜짝 놀랐어. 그리고 이렇게 생각했지.

'내가 사랑하는 다니엘을 사자 굴에 넣어야 한다니. 그래, 내가 미처 그 생각을 못했구나. 총명한 다니엘을 미워하는 신하들이 벌인 일인 것을.'

다리오 왕은 비로소 신하들의 꾀를 알게 되었지. 하지만 이미 늦었잖아. 이제 와서 없었던 일로 할 수는 없으니까 말이야. 그래도 어떻게 다니엘을 사자 굴에 넣으라고 명령할 수 있겠어? 다리오 왕은 도저히 입이 떨어지지 않았어. 침이 바싹바싹 말랐지. 신하들은 다리오 왕의 마음을 눈치채고 채근하기 시작했어.

"임금님, 임금님! 다니엘을 사자 굴에 넣으라고 어서 명령해주세요."

"맞아요, 맞아요. 다니엘은 법을 어겼잖아요."

다리오 왕은 할 수 없이 명령했어. 목소리는 떨렸고, 눈에서는 눈물이 주르륵 흘러내렸지.

"다니엘을… 사자 굴에… 넣어라."

신하들은 말이 떨어지기도 전에 다니엘을 잡으러 나갔어. 다니엘을 냉큼 잡아서 다리오 왕에게 데리고 갔지. 다리오 왕은 다니엘을 똑바로 쳐다보지 못하고 말했어.

"다니엘, 하나님께서 널 구해주시기를 바랄게."

"임금님, 걱정 마세요. 저는 하나도 두렵지 않은 걸요. 하나님께서 분명히 저를 구해주실 거예요."

어머나! 신하들은 정말 다니엘을 사자 굴로 밀어 넣어버렸어. 그리고 커다란 돌을 끙끙대며 들고 와서 굴의 입구를 막았지. 정말 개미 한 마리가 빠져나올 틈도 없었어.

성으로 돌아온 다리오 왕은 훌쩍훌쩍 울기만 했지. 잠도 오지 않았어. 그래서 다니엘이 한 것처럼 기도를 했대. 무릎을 꿇고 두 손을 모았지.

"하나님, 제가 사랑하는 다니엘을 살려주세요."

어느덧 날이 밝았어. 해가 방긋 얼굴을 내밀었지. 다리오 왕은 아침 일찍 사자 굴로 달려가 큰 소리로 다니엘을 불러보았어.

"다니엘!"

사자 굴속에서는 아무런 소리도 나지 않았어. 다리오 왕은 다시 힘차게 다니엘을 불러보았지.

이번에는 우리도 같이 불러볼까? 하나, 둘, 세엣!

"다니엘, 다니엘!"

바로 그때였어. 사자 굴속에서 목소리가 들렸지.

"임금님! 제가 여기 있습니다."

세상에, 이게 웬일이야? 그것은 정말 다니엘의 목소리였어. 다리오 왕이 혹시 꿈을 꾼 건 아닐까? 다리오 왕이 꿈일 거라고 생각하던 그때, 다니엘의 목소리가 한 번 더 울려 퍼졌지.

"임금님! 제가 여기에 있습니다."

"다니엘! 정말 다행이다! 정말 다행이야!"

다리오 왕은 얼른 사람을 불러서 굴을 막고 있던 돌을 치우라고 명령했지. 돌을 치우자, 다니엘이 우당탕 뛰어나왔어. 다리오 왕은 펄쩍 뛰며 기뻐했어.

"다니엘! 살아 있었구나!"

"네, 하나님께서 보내신 천사들이 저를 지켜주었습니다."

다리오 왕과 다니엘은 서로 부둥켜안고 기뻐했지. 그리고 하나님께 깊은 감사를 드렸대.

그런데 아가야, 궁금하지? 다니엘이 어떻게 사자 굴속에서 살아났는지 말이야. 그럼, 이야기를 조금 더 들어보자.

다니엘이 사자 굴속으로 들어가자, 사자들이 몰려들기 시작했대. 하지만 다니엘은 겁내지 않았어. 가만히 무릎 꿇고 앉아서 감사 기도를 드렸지.

"하나님, 저는 사자 굴에 있지만 괜찮아요. 하나님께서 저를 살려주실 거니까요. 그렇게 믿으니까 오히려 기쁜걸요. 하나도 무섭지 않아요."

다니엘이 이렇게 기도를 하고 있을 때 말이야. 난데없이 푸드득 푸드득 소리가 들리더래. 다니엘이 눈을 번쩍 떠 보니, 천사들이 날갯짓을 하고 있었다지 뭐야. 하나님께서 천사들을 보내주셨거든. 천사들이 사자의 입을 막았더니 신기한 일이 일어났대. 으르렁 으르렁 사자들이 매애매애 양처럼 순해졌지 뭐야. 나니엘은 하나님께 감사하며 곤히 잠들었대.

쿨쿨 잠을 자던 다니엘은 애타게 자기를 부르는 다리오 왕의 목소리를 들었지. 그리고 부스스 일어나 대답했던 거야.

"임금님! 제가 여기에 있습니다."

그 다음은 어떻게 되었냐고? 다니엘은 다리오 왕을 도우며 더욱 높은 사람이 되었대. 그리고 오래오래 행복하게 살았지. 여전히 매일매일 세 번씩 기쁜 마음으로 기도를 하면서 말이야. 그리고 가끔 힘든 일이 있을 때면 하늘을 보며 이렇게 외쳤대.

"하나님! 하나님을 믿으면 어떤 어려운 일이 있어도 괜찮아요! 저는 항상 기뻐요!"라고 말이야.

소중한 아가야,
엄마랑 아빠는 다니엘을 보면서
더욱 기쁘게 살아야겠다고 생각했어.
물론 가끔은 힘든 일이 있을 거야.
그럴 때마다 다니엘의 이야기를 떠올리며 힘을 내보자.

 오늘의 기도

의탁의 하나님,
바쁘고 분주한 일상 속에서도
기도를 드릴 수 있음이 기쁨입니다.

아기가 건강히 잘 사라고 건강하게 태어나
건강한 기쁨을 누릴 수 있도록
주께서 항상 함께해주실 것을 믿습니다.

이 말씀을 묵상하며 기도를 마칩니다.
때론 힘들고 지치지만 이 말씀을 잊지 않겠습니다.
힘든 일상도 누군가에겐 꿈이라는 것을 기억하겠습니다.
일상을 나눌 수 있는 우리가
서로에게 선물임을 기억하겠습니다.

오늘도 예수님의 이름으로 기도드립니다. 아멘.

주님 안에서 항상 기뻐하십시오. 다시 말합니다.

기뻐하십시오. 여러분의 관용을 모든 사람에게 알리십시오.

주님께서 가까이 오셨습니다. 아무것도 염려하지 말고,

모든 일을 오직 기도와 간구로 하고, 여러분이 바라는 것을

감사하는 마음으로 하나님께 아뢰십시오.

(빌립보서 4 : 4 – 6 새번역)

🍀 성경 말씀 따라 쓰기 🍀

희락 이야기 셋

아기 예수를 만난 마리아는
생긋 웃었어

사랑하는 아가야,

생긋 웃는 마리아 이야기를 들려줄게.

그런데 마리아가 처음부터 기쁘게 웃었던 것은 아니래.

하나님의 뜻에 순종하며 따르니까

큰 기쁨이 기다리고 있었던 거래.

그 기쁨이 무엇인지 궁금하지?

지금부터 엄마 아빠와 함께 알아보지 않을래?

이스라엘이 로마의 지배를 받던 시절이었어. 이스라엘은 로마 황제의 말을 따라야 했지.

로마 황제는 명령을 내렸어.

"모두 고향으로 가서 이름을 등록해라!"

사람들이 하나둘 고향으로 떠나기 시작했지. 마리아와 요셉도 따가닥따가닥 당나귀를 탔어. 고향인 베들레헴으로 떠나려고 말이야. 한참을 가다가 요셉이 마리아에게 말했어.

"여보, 괜찮아요? 배가 많이 나와서 힘들지요?"

"괜찮아요. 걱정하지 마세요."

마리아는 임신 중이었어. 아기를 낳을 때가 얼마 남지 않았지. 먼 길을 떠난다는 건 힘든 일이었지만 마리아는 힘든 기색이 전혀 없었어. 아기를 곧 만날 수 있다고 생각하면 웃음이 나왔지.

"여보, 얼마나 예쁜 아기가 나올지 너무 기대가 돼요. 설레는 마음에 힘든지도 모르겠어요."

"다행이에요. 하나님의 아들을 낳는 축복을 받다니 꿈만 같지요?"

"네, 처음에 천사 가브리엘이 찾아왔을 때 순종하지 않았다면 어땠을까요? 지금 많이 후회하고 있을 것 같아요."

마리아는 천사 가브리엘을 만났던 날을 생생하게 기억하고 있었어. 가브리엘이 갑작스럽게 찾아와서 정말 깜짝 놀랐거든. 도저히 잊을 수 없는 일이었지. 가브리엘의 목소리도 생생하게 기억이 난대. 가브리엘은 산속의 메아리처럼 쩌렁쩌렁 울리는 음성으로 이렇게 말했지.

"마리아야, 기뻐하여라. 하나님께서 너에게 놀라운 은혜를 내리셨단다. 너는 곧 임신하여 아들을 낳게 될 거야. 그분은 하나님의 아들이지. 이 땅에 왕으로 오시는 분이란다."

"가브리엘, 무슨 말이지요? 저는 요셉과 결혼할 사람입니다."

"걱정하지 마라. 성령이 네게 아기를 내리고 하나님의 능력이 너를 이끌 테니까. 너에게서 태어나는 아기는 거룩한 하나님의 아들이야. 그 아기의 이름은 예수라고 해라."

마리아는 시무룩한 표정으로 서 있었어. 마치 누군가 '그대로 멈춰라!'라고 외친 것 같았지. 무척 갈등이 되었거든.

'하나님의 말씀이니까 순종해야겠지? 아니야, 아무리 그래도 결혼하기 전에 임신을 하는 거잖아. 사람들이 나를 오해할 거야. 그리고 요셉이 이해해줄까?'

마리아는 잠시 후에 대답했어. 마리아가 어떤 결정을 내렸을까?

"하나님께서 원하시는 대로 할게요."

결국 순종하기로 결심했던 거야. 가브리엘은 그 대답을 듣고는 활짝 웃으며 사라졌어.

마리아는 그때의 기억을 떠올리며 생긋 웃었지. 그런 마리아를 보면서 요셉이 미소 지으며 말했어.

"당신이 웃는 모습을 보니 나도 좋아요. 하지만 당신한테 미안했던 기억을 떠올리면 아직도 몸 둘 바를 모르겠어요. 사실은 고민이 많이 되었지요. 아무리 하나님의 아들이라고 해도 처음엔, 당신이 임신을 했다는 사실을 받아들이기가 힘들었어요."

"미안해하지 말아요. 지난 일인걸요. 그런데 당신도 천사의 목소리를 들었다고 했지요? 천사가 뭐라고 했다고요?"

요셉은 천사의 목소리를 흉내 내듯 말했어. 일부러 낮고 굵은 목소리를 냈지.

"요셉아! 슬퍼하지 말고 마리아와 결혼하거라. 마리아의 몸에 있는 아기는 성령께서 내리신 아기이다. 아기의 이름은 예수라고 해라. 그분은 그리스도이시며, 세상 사람들을 죄에서 구원할 분이시다."

"호호호, 당신은 기억력도 좋아요. 천사의 목소리까지 기억해서 따라하는 걸 보면 말이죠."

"당신이 웃는 모습을 보니 나도 기분이 좋아요. 어, 그런데 여기가 베들레헴인 것 같아요."

성경 속 마리아는…

요셉의 아내이자 예수님과 야고보, 요셉, 유다, 시몬을 비롯한 예수님의 형제들의 어머니다. 나사렛 마을에서 살던 그녀는 요셉과 결혼을 약속한 상태에서 천사의 계시를 받았다. 곧 아기 예수를 잉태한다는 것. 마리아는 이 소식을 기쁨으로 받아들이며 믿음을 보였다. 그리고 바로 사가랴의 집으로 가서 자신의 친척인 엘리사벳을 만났다. 천사가 엘리사벳도 늙어서 아들을 가졌다는 말을 덧붙였기 때문이다. 엘리사벳을 만나 천사의 메시지가 사실임을 확인하고, 이후에 요셉에게도 임신 사실을 고백했다. 요셉도 결국 이 사실을 받아들였고, 마리아는 아기 예수의 어머니가 되었다. 지금도 그렇지만 당시에 처녀가 임신을 했다는 사실은 자랑할 만한 일이 아니었다. 그러나 하나님의 뜻이었기에 순종할 수 있었던 것이다.

"어머, 정말요?"

마리아와 요셉은 이야기를 나누느라고 시간 가는 줄도 몰랐지. 어느새 베들레헴에 도착했는데 말이야. 요셉은 두리번거렸어. 쉴 곳을 찾아야 했거든.

잠시 후 어느 여관 문을 똑똑 두드렸지. 주인이 자다 깼는지 눈을 비비며 나왔어.

"빈방이 있나요?"

"없어요. 이미 사람들로 꽉 찼는걸요."

"그럼 어쩌지요? 지금 어두워서 다른 곳을 찾기도 힘들 텐데요."

"흠, 그러면 마구간에서라도 쉬겠어요? 우리 여관에서 쉴 곳이라고는 거기 밖에 없거든요."

요셉은 마리아를 쳐다보았어. 마리아는 고개를 끄덕였지. 별다른 방법이 없잖아. 요셉은 주인에게 마구간을 내어달라고 했지. 요셉은 마구간 바닥에 마른 풀을 깔았어.

"마리아, 여기에 누워서 쉬어요."

"고마워요."

바로 그날 밤이었어. 으앙으앙 울음소리가 났지. 무슨 소리냐고? 아기 예수가 태어나 우는 소리였지. 마리아는 아기를 강보에

싸서 말 먹이통에 뉘었어. 아기는 곧 새근새근 잠이 들었지. 마리아는 아기가 깰까 봐 조용한 목소리로 요셉에게 말했어.

"여보, 정말 예쁜 아기네요. 이 자리에 당신이 함께해주어서 너무 기뻐요."

"나에게 이런 행운을 주어서 내가 더 고마워요. 일른 쉬어요. 너무 고생했잖아요."

마리아는 아기 옆에 누워 아기의 머리를 살짝 쓰다듬었어. 그리고 자신의 머리도 한 번 쓰다듬었지. 힘든 일을 잘 해낸 자신을 칭찬하고 싶었거든. 그리고 살며시 눈을 감았지. 마리아는 잠을 자면서도 웃는 얼굴이었대.

소중한 아가야,

아기 예수를 만난 마리아를 보니까 말이야,

엄마랑 아빠도 우리 아기를 얼른 만나고 싶네.

우리 아기를 만나면 엄마도 마리아처럼 기쁠 거야.

그 기쁨을 오래도록 간직하면서 살게.

우리 아기도 엄마 아빠랑 함께

기뻐하면서 오래오래 행복하자.

잠을 자면서도 웃는 얼굴일 수 있도록 말이야.

오늘의 기도

희탁의 하나님,
늘 사랑과 기쁨이 충만한 하나님,
오늘도 아기와 기쁨을 나누게 해주셔서 감사합니다.

함께 있을 수 있다는 것이 큰 기쁨이라는 것을
알게 해주셔서 고맙고 감사합니다.

시간이 지나도 언제나 함께여서 다행이라고
생각할 수 있다면 좋겠습니다.
삶의 어느 길목에서 역경을 만나더라도
함께라는 사실이 슬픔이 아니라 위로가 됐으면 좋겠습니다.

다음의 말씀을 묵상하며 기도를 마칩니다.
주님에게서 기쁨을 찾는 가정이기를 원하고 바랍니다.
오늘도 예수님의 이름으로 기도드립니다. 아멘.

기쁨은 오직 주님에게서 찾아라.

주님께서 네 마음의 소원을 들어주신다.

네 갈 길을 주님께 맡기고, 주님만 의지하여라.

주님께서 이루어 주실 것이다.

(시편 37 : 4-5 새번역)

🍀 성경 말씀 따라 쓰기 🍀

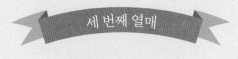

세 번째 열매

화평

Peace

화평이란 하나님과 나의 관계를 회복하고 조화를 누리는 것을 말한다.
마음에 화평이 있으면 다른 사람과 화목하게 지내며,
상대방을 진심으로 칭찬할 수 있고,
내가 옳다고 하더라도 상대에 맞추는 융통성을 보이며,
모든 사람의 유익을 좇아 은혜를 함께 나눌 수 있다.

바나바는
어디로 가는 걸끼?

사랑하는 아가야,

우리 오늘은 바나바를 만나 볼까?

화평한 마음의 바나바는 모두 화목하기를 바랐대.

그 마음으로 누군가를 찾아 나섰다는데, 도대체 누굴까?

이야기 속에서 우리 함께 찾아보자.

화창한 날이었대. 쪼로롱 새들이 지저귀고, 산들산들 바람이 불었지. 바나바는 산들바람처럼 상쾌한 마음으로 안디옥 교회의 문을 활짝 열었어. 사람들이 방실방실 웃으며 들어왔지.

"안녕하세요! 바나바 목사님!"

"네, 안녕하세요! 멋진 성도님!"

바나바는 밝은 표정으로 사람들과 인사를 나누었어. 바나바는 항상 평화로운 웃음을 지니고 있었지. 그 모습을 보면 우울했던 사람들도 마음이 한결 가벼워지곤 했대. 이처럼 바나바는 긍정의 기운을 가득 품고 있는 사람이었어.

어느새 교회는 사람들로 붐볐어. 빈자리가 없었지. 사람들은 바나바의 설교를 좋아했거든. 처음부터 그랬냐고? 아니, 처음에는 아니었어.

바나바는 처음에도 교회 문을 활짝 열고 밝게 웃으면서 사람들을 기다렸지. 하지만 사람들이 오지 않았대. 바나바는 깜박깜박 졸았어. 맥없이 주저앉기도 했지. 아무리 시간이 지나도 윙윙 소리만 났어. 무슨 소리냐고? 파리야, 파리. 졸고 있는 바나바 머리 위에 윙윙 파리만 날아다닐 뿐이었대.

하지만 어느새 사람들이 하나둘 늘어나기 시작했어. 바나바가 열심히 노력했거든. 웃는 얼굴로 사람들에게 다가가서 하나님 말씀을 전했지. 기도도 열심히 했어. 땅을 팔아서 어려운 사람들을 돕기도 했지. 바나바는 하나님 안에서 화목하고 싶었거든. 결국 그 진심이 통한 거야.

바나바가 말했어.

"믿음 위에 굳게 서서 흔들리지 말고 주님 안에서 살아가십시오."

사람들은 고개를 끄덕였지. 바나바는 사람들이 존경하는 훌륭한 목사님이 되었어. 교회는 예수님을 믿는 사람들로 가득 채워졌지. 바나바는 뿌듯했어. 바나바의 말씀을 듣고 은혜를 받은 어떤 사람이 말했어.

"목사님, 이제 쉬엄쉬엄 일하세요. 이제 목사님을 따르는 사람들도 많고, 교회도 부흥했잖아요."

"하하, 감사한 말씀입니다. 하지만 저는 쉴 수 없습니다. 급히 가볼 데가 있답니다."

바나바는 교회를 떠나 굽이굽이 산을 넘고 철퍼덕철퍼덕 강을 건넜지. 바나바는 어디로 가는 걸까?

바나바가 도착한 곳은 '다소'라는 도시였어. 바나바는 숨을 헉헉 몰아쉬었지. 후우후우 심호흡을 하면서 이리저리 둘러봤어. 바나바는 누구를 찾고 있는 걸까?

"사울! 잘 있었어요? 나예요."

바나바는 밝은 목소리로 인사했어. 바나바가 사울이라는 사람

성경 속 바나바는…

구브로 섬 출신의 레위인 요셉은 별명인 바나바로 더욱 유명하다. 바나바는 '위로의 아들'이라는 뜻을 담고 있다. 사도들이 지어준 그의 별명을 보면 바나바가 친절하며 동정심이 많은 사람이었음을 말해준다. 바나바는 예루살렘 교회에서 비중 있는 지도자 중의 하나였다. 그럼에도 불구하고, 회심한 사울을 받아들이지 못하는 이들 앞에서 그를 변호하였고 함께 안디옥 교회에서 사역했다. 이는 바나바가 관용적이며 영적으로도 담대한 사람이었음을 보여준다.

을 찾고 있었나 봐. 바나바는 무척 반가운 표정이었어. 그런데 사울은 그렇지 않아 보였어. 시무룩한 표정으로 우두커니 앉아있었지 뭐야. 바나바는 다시 한번 인사를 했어.

"사울! 잘 있었어요? 나, 바나바예요."

풀이 죽어 혼자 앉아있던 사울이 고개를 들었지. 사울의 표정이 금세 밝아졌어. 아, 아까는 듣지 못했던 거야. 사울은 잃어버린 가족을 만난 것처럼 반가워했지. 바나바는 사울을 와락 끌어안았어. 그런데 사울이 누구냐고?

사울은 얼음처럼 차가운 사람이었어. 특히 예수님을 믿는 사람을 싫어했지. 예수님을 믿는 사람들이 사울을 보면 쌩쌩 찬바람이 부는 것 같았대. 그런데 깜짝 놀랄 일이 벌어졌어. 사울이 예수님을 믿게 되고부터 짜잔 하고 변신을 했거든. 사울은 이렇게 고백했어.

"나는 예수님을 믿습니다. 나는 주님과 교회를 핍박하던 예전의 사울이 아닙니다. 나는 이제 주님을 사랑하고, 주님의 교회를 사랑하며 주님의 성도들을 사랑합니다."

사람들은 감동을 받았지. 하지만 찬바람이 쌩쌩 불던 사울의 얼굴은 쉽게 잊을 수 없었대. 사울의 말도 쉽게 믿을 수는 없었지. 그런 사울을 믿어준 사람이 있었어. 그게 바로 바나바야. 바나바는 사람들 앞에 나서서 말했어.

"사울은 옛날의 사울이 아녜요. 예수님을 만나 새로운 사람이 되었어요. 이제 교회에서 주님의 일을 하도록 밀어줍시다."

사람들은 바나바의 말을 듣고서야 사울을 받아들였어. 그런데 왜 사울이 다소에 혼자 있었냐고? 사람들이 사울을 받아들이기는 했지만 바로 교회 일을 맡기지는 않았던 거야.

'예수님 말씀을 전하고 싶은데, 어쩌지? 이럴 바에는 고향으로 내려가는 게 낫겠어.'

이렇게 생각한 사울은 다소를 향해 터벅터벅 발걸음을 옮겼어. 다소는 사울의 고향이었거든.

안디옥 교회에서 열심히 일하고 있던 바나바가 이 소식을 듣게 되었어. 바나바는 끙끙 고민했어. 사울과 함께 화목하고 평화롭게 살고 싶었거든. 그래서 신발을 꿰어 신고 길을 나선 거야. 햇볕이 쨍쨍 내리쬐도, 주룩주룩 비가 내려도 쉼 없이 걸어갔지. 바나바는 이마에 송골송골 맺힌 땀을 닦으며 다소에 도착했어. 그리고 다소를 샅샅이 뒤져서 사울을 발견했지.

"사울, 여기 이러고 있으면 어떡해요? 나랑 같이 가서 주님의 일을 해요."

바나바는 사울의 손을 꼭 잡고 말했어.

"저도 그러고 싶어요. 하지만 제가 일할 곳이 없습니다."

"걱정 말아요. 안디옥으로 가면 돼요. 거기에 교회를 세웠는데 성도들이 아주 많아요. 나 혼자서 그 많은 사람을 어떻게 가르치 겠어요? 나와 함께 일해요."

사울은 예수님의 말씀을 전할 생각으로 가슴이 두근거렸어. 당 장 일어나 바나바를 따라가고 싶었지. 하지만 자신감이 생기지 않 았어.

"내가 정말 주님의 일을 할 수 있을까요?"

"무슨 소리예요! 당신처럼 똑똑하고 멋진 사람이 주님의 일을 해야지요. 당신은 또박또박 말도 잘하지요. 목소리도 멋져서 찬양 도 잘하잖아요. 모두들 당신에게 반할 거예요."

바나바는 사울을 칭찬했어. 바나바의 말에 사울은 힘이 불끈 솟 았지. 바나바가 손을 내밀며 말했어.

"자, 어서 일어나요. 어서 가자고요."

사울은 바나바의 손을 잡고 벌떡 일어났어. 바나바는 사울을 데 리고 또 굽이굽이 산을 넘었어. 철퍼덕철퍼덕 강도 건넜지. 험한 길이었지만, 바나바는 행복했대. 사울도 행복했냐고? 물론이지. 사울도 마음에 화평을 되찾았거든. 바나바와 사울은 서로 정답게

두런두런 이야기를 나누며 걸어갔지. 무사히 안디옥에 도착한 두 사람은 서로를 배려하며 열심히 일했어. 둘은 예수님의 말씀을 전하는 데 진심을 다했고, 내내 화평했대.

소중한 아가야,
서로 돕는 바나바와 사울을 생각하니
엄마 아빠의 마음도 덩달아 평안해지네.

우리 아기 마음도 그렇지?
화평한 마음은 노을 빛처럼 서서히 물이 드나봐.
이런 마음은 열 번, 스무 번 물들어도 좋겠다.

우리 아기에게 좋은 마음만 전해질 수 있도록
좋은 이야기 많이 많이 해줄게.

오늘의 기도

힐링의 하나님,
우리가 화목한 가정이 되기를 원합니다.

우리가 평화를 초대하고
평화를 누리는 가정이 되기를 원합니다.
다름은 틀림이 아닌 걸 알고,
다른 사람을 수용하고 인정하는 가족이기를 원합니다.

다음의 성경 말씀을 묵상합니다.
우리가 평화를 이루며 평화를 위하여 씨를 뿌리고
정의의 열매를 거두는 가족이기를 원합니다.

원하는 만큼 노력하게 하시고
노력한 만큼 화평하게 해주세요.
오늘도 예수님의 이름으로 기도드립니다. 아멘.

정의의 열매는 평화를 이루는 사람들이 평화를 위하여
그 씨를 뿌려서 거두어들이는 열매입니다.

(야고보서 3 : 18 새번역)

❧ 성경 말씀 따라 쓰기 ❧

어떡하면 좋아?
요셉이 펑펑 울었대

사랑하는 아가야,

지금부터 엄마, 아빠는 약속을 지킬 거야.

야곱과 라헬 이야기해줄 때 약속했던 거 기억나지?

꿈쟁이 요셉의 이야기를 나중에 해준다고 했었잖아.

그 이야기를 지금부터 시작할게.

그럼, 우리 같이 애굽이라는 나라로 떠나볼까?

요셉은 애굽의 총리로 매우 지혜로운 사람이었어. 나라에 가뭄이 들었을 때도 요셉 덕분에 걱정이 없었지. 요셉이 미리 창고에 곡식을 쌓아놓았거든. 그것을 백성들에게 나누어 주었지.

"총리님은 정말 지혜롭다니까!"

"총리님 덕분에 우리가 살 수 있는 거라고!"

사람들은 요셉을 칭찬하기에 바빴지.

그러던 어느 날이었어.

"총리님! 가나안 사람들이 곡식을 구하러 왔습니다."

갑작스런 가뭄 때문에 애굽 뿐만 아니라 다른 나라들도 곡식이 없어서 난리였지. 이웃 나라 가나안도 마찬가지였던 거야. 가나안 사람들은 애굽에 가면 곡식을 구할 수 있다는 소식을 듣고 먼 길을 걸어 찾아왔지. 요셉이 그들을 맞으러 밖으로 나갔어. 가나안람들은 넙죽 절을 하며 말했어.

"총리님, 양식을 좀 주세요. 저희는 배가 고파서 가나안에서 여기까지 왔습니다."

요셉은 깜짝 놀랐어. 눈물이 핑 돌았지. 그 사람들이 불쌍해서 그랬냐고? 아니, 그 사람들은 바로 요셉의 형들이었거든. 형들은 요셉을 알아보지 못했지만, 요셉은 한눈에 알아본 거야.

요셉은 이마를 탁 쳤어. 형들을 보는 순간, 어렸을 때 꾸었던 꿈이 번뜩 떠올랐거든. 해와 달과 별들이 요셉에게 절하는 꿈이었어. 볏단들도 절을 했지. 요셉은 자신이 꾼 꿈을 형들에게 말했어.

"형들! 내 꿈속에서 형들이 나에게 절을 했어요."

요셉은 꿈을 그대로 말한 것이 아니라 해석해서 형들에게 말해 줬지. 그런데 형들은 어깨를 들썩이며 화를 냈어.

"요셉! 무슨 말이냐? 우리가 동생인 너에게 절을 했다고?"

"그게 무슨 말도 안 되는 소리냐?"

형들은 붉으락푸르락 화를 냈고, 요셉을 상인에게 팔아버렸지.

'형들이 절을 하고 있다니! 결국 그 꿈이 맞았구나.'

요셉은 생각했지. 하지만 형들을 원망하지는 않았어. 그저 반갑

기만 했지. 요셉은 이미 형들을 용서했거든. 미움을 떨쳐내고 화평한 마음으로 돌아왔더니 마음이 편해지더래. 그 마음으로 백성들이 평화롭게 살 수 있는 나라를 만드는 일에만 몰두했던 거야. 그러다 집에 돌아오면 문득 고향 생각이 나기도 했지. 길을 가다가 가족들과 함께 있는 사람들을 볼 때면 가족들 생각에 잠기곤 했대.

'아버지는 잘 계실까? 형들은 건강하겠지? 내 동생 베냐민도 어엿한 총각이 되었을 거야. 아, 너무 보고 싶다.'

그런데 그토록 보고 싶던 형들이 눈앞에 있다니. 요셉은 믿을 수 없었어. 형들을 와락 안고 말하고 싶었지. '형들, 내가 요셉이에요'라고 말이야. 하지만 그럴 수 없었어. 형들이 아직 자신을 미워하고 있을 수도 있잖아? 신중하게 행동하고 싶어서 형들을 한번 시험해보기로 했지.

"혹시 너희들은 우리나라를 살피러 온 정탐꾼이 아니냐?"

"아닙니다. 저희는 정말 곡식을 사기 위해 왔어요."

"너희 형제가 모두 몇 명이냐?"

"모두 열두 형제입니다. 한 명의 동생은 오래전에 잃었고, 막내는 집에 남아 있습니다."

그 말을 듣자, 요셉은 동생이 보고 싶었어. 바로 동생을 데리고 오라고 하고 싶었지만, 꾹꾹 참아야 했지. 형들의 생각을 아직 모르잖아. 요셉은 형들을 감옥에 가두었어. 사흘 후에 형들을 풀어주면서 말했지.

"너희 말을 믿을 수 없으니 가나안에 있다는 막내 동생을 데리고 오너라. 하지만 너희 가운데 한 사람은 이곳에 남아야 한다."

형들은 그 말을 듣고 눈물을 뚝뚝 흘리며 중얼거렸어.

"하나님께서 우리에게 벌을 내리시나 봐. 우리가 요셉을 팔아 버려서 그래."

성경 속 요셉은…

요셉은 야곱과 라헬 사이에서 태어났다. 열두 명의 형제 중 야곱의 사랑을 독차지해서 형들의 질투를 받았다. 게다가 형들이 절하는 꿈을 꾸었기 때문에 더욱 큰 미움을 받았다. 형들은 결국 그를 미디안 상인에게 팔았고, 그때부터 요셉은 애굽에서 삶을 이어간다. 요셉은 애굽에 있는 보디발의 집에 팔려갔고 신임을 얻어 가정 총무로 일하게 되었다. 그러던 중 요셉을 유혹하려던 보디발의 아내를 거절했다가 누명을 쓰고 옥에 갇히게 된다. 요셉은 감옥의 사무를 처리하는 일을 하며 바로 왕의 식탁에 술을 올리는 관원장과 떡 굽는 관원장의 꿈을 해석해주었다. 그것이 계기가 되어 바로 왕의 꿈을 해석하게 되었고, 이로 인해 요셉은 애굽의 총리가 되었다. 꿈의 사람 요셉은 갖은 시련 속에서도 하나님만을 의지했기에 고난이 축복으로 변할 수 있었다.

"그래, 맞아. 우리가 요셉을 버린 걸 하나님도 알고 계실 테니까."

요셉은 형들의 말을 듣고 형들이 지난 일을 뉘우치고 있다는 걸 알았지. 요셉은 더 이상 눈물을 숨길 수 없었어. 후다닥 자리를 옮겨 방문을 쾅 닫고 들어가 펑펑 울어버렸대. 한 시간쯤 울었을까? 간신히 울음을 그친 요셉은 마음을 추스르고 나와서 말했어.

"곡식을 많이 줄 테니 고향으로 돌아가서 막내 동생을 데리고 오너라. 하지만 아까 말한 대로 한 사람은 남겨두고 가야 한다."

형들은 어쩔 수 없이 요셉의 말에 따라야 했지. 형들 중에 시므온이 남기로 했어. 형들은 터벅터벅 길을 떠났지.

그 이후로 요셉은 매일 아침마다 창문을 활짝 열어놓았어. 창밖으로 보일 형과 막내를 상상하면서 말이야. 형제들이 빨리 돌아오기를 바랐거든. 동생 베냐민이 얼마나 멋진 청년이 되어 있을까 궁금해서 견딜 수 없었지. 그러던 어느 날, 눈앞에 형제들이 보이는 거야. 눈을 크게 뜨고 다시 보았지. 정말 형과 동생이었어. 형들은 다시 요셉에게 와서 넙죽 절을 했지. 요셉은 베냐민을 가리키며 물었어.

"이 자가 전에 말했던 막내 동생이냐?"

"네, 그렇습니다."

베냐민은 의젓한 청년이 되어 있었어. 동생을 바라보는 요셉의 마음은 기쁨으로 벅차올랐지. 요셉은 하인을 불렀어.

"이 사람들과 함께 식사를 할 테니, 음식을 준비하거라."

요셉과 형제들은 맛있는 음식들루 가득한 상에 앉아 냠냠 쩝쩝 배불리 먹었어. 요셉은 약속대로 시므온을 풀어준 뒤, 자루마다 곡식을 가득가득 채워주었어. 요셉은 베냐민에게서 눈을 뗄 수 없었어. '형들은 아버지 때문에라도 보내야겠지. 베냐민만이라도 곁에 두고 오랫동안 볼 수 있다면 얼마나 좋을까?' 하고 생각했지. 그래서 꾀를 내었어. 무슨 꾀냐고? 금방 알려줄게. 잘 들어봐.

"거기 멈추시오!"

요셉의 하인이 따가닥따가닥 말을 타고 달려 오면서 소리쳤어. 가나안으로 돌아가는 요셉의 형제들을 쫓아온 거야. 요셉의 형제들은 멈춰 서서 물었지.

"무슨 일이신가요?"

"총리님께서 은잔을 잃어버렸소. 당신들이 가져간 것이 분명하니 어서 내놓으시오!"

요셉의 형제들은 어리둥절했지. 아무도 은잔을 훔치지 않았으니까 말이야.

"은잔을 훔치다니요? 우리는 안 훔쳤습니다. 못 믿겠으면 우리 자루를 뒤져 보십시오."

하인은 자루를 뒤졌어. 어머나! 이게 웬일이야? 베냐민의 자루에 은잔이 있지 뭐야. 베냐민은 깜짝 놀랐어.

"아니, 이게 어찌 된 일이지요? 저는 은잔을 훔치지 않았어요."

"총리님께서 은잔을 훔친 자를 데리고 오라고 하셨어요. 같이 갑시다."

베냐민은 두려웠어. 눈물을 뚝뚝 흘렸지. 형들은 그런 베냐민을 혼자 보낼 수 없었어. 그래서 다 함께 가서 요셉 앞에 무릎을 꿇었지.

"제 동생은 은잔을 훔치지 않았습니다. 하지만 믿지 못하신다면 저희 모두 노예가 되어 벌을 받겠습니다."

"그럴 필요는 없다. 잔을 훔쳐 간 자만 여기 남고, 다른 사람들은 돌아가라."

"그럴 수는 없습니다. 고향에 늙은 아버지가 계십니다. 그분은 오래전에 사랑하는 아들 요셉을 잃고 매우 슬퍼하셨습니다. 베냐민마저 잃는다면 슬픔을 견디지 못하고 병이 나실지도 모릅니다. 그러니 동생을 고향으로 돌아가게 해주십시오."

요셉은 마음이 뭉클했어. 사실 은잔을 몰래 넣어둔 건 요셉이었거든. 그래, 맞아. 이것이 바로 요셉의 꾀였어. 가까이에서 동생을 보살펴주고 싶었던 거야. 하지만 형들의 말을 들은 요셉은 비로소 자신의 마음을 알게 되었어.

'그래, 나는 베냐민뿐만 아니라 온 가족들과 화목하게 살고 싶었던 거야. 어쩌면 그것이 하나님의 뜻인지도 몰라.'

그런 생각이 드니까 요셉은 눈물을 참을 수 없었지. 처음에는 뚝뚝 떨어지던 눈물이 점점 빗물처럼 흘러내렸어. 이번에는 방에 들어갈 겨를도 없었지. 어떡하면 좋아? 요셉은 형제들 앞에서 펑펑 울고 말았어. 형들은 어리둥절했어. '울고 싶은 건 우리인데, 왜 총리가 울고 있는 거지?'라고 생각했지. 요셉은 형들을 보며 입을 열었어.

"형들, 저를 자세히 보세요. 저는 형들의 동생 요셉이에요."

형들은 믿지 않았어. 하지만 자세히 살펴보니 정말 요셉이었어.

"이럴 수가! 정말 요셉이구나!"

요셉을 다시 만나다니 형들은 무척 기뻤지만 차마 고개를 들 수가 없었어. 자신들이 요셉을 팔았잖아. 어떻게 요셉을 똑바로 쳐다볼 수 있겠어? 요셉은 형들의 마음을 알아차렸어.

"형들! 고개를 드세요. 저는 이제 형들을 원망하지 않아요. 하나님의 뜻이었으니까요. 하나님께서 저를 먼저 이곳으로 보내주셨

던 거예요. 이렇게 우리 가족이 다시 만나서 화목하게 살 수 있도
록 말이에요."

"요셉! 그렇게 말해주다니 정말 고맙구나!"

형들은 펑펑 울었어. 그 눈물 속에는 기쁨과 후회가 함께 들어
있었어. 한참 후에 눈물을 그친 형들과 요셉은 한자리에 둘러앉아
쑥덕쑥덕 이러쿵저러쿵 이야기꽃을 피웠대. 오랫동안 떨어져 있
었으니 얼마나 할 이야기가 많았겠어?

"요셉아, 잘 있거라."

어라 이게 무슨 일이지? 형들이 다시 가나인으로 간다고 하네. 같이 사는 거 아니었냐고? 그러게, 엄마랑 아빠도 그런 줄 알았는데.

"형들! 서둘러서 아버지를 모시고 오세요. 너무 뵙고 싶어요."

아, 아버지를 모시러 가는 거였구나. 나중에 요셉이 아버지를 만났냐고? 그럼 그럼. 요셉과 아버지의 대화 소리가 들리는데, 들어 볼래?

"아버지! 저예요. 아버지 아들 요셉이에요!"

"요셉! 정말 네가 내 아들 요셉이냐? 맞구나, 맞아!"

요셉은 아버지를 와락 끌어안았어. 아버지는 요셉을 이리 보고 저리 보았지. 잃은 줄로만 알았던 요셉이 앞에 있으니 믿기질 않았대. 요셉의 가족들은 모두 얼싸안고 덩실덩실 춤을 추었지. 그 후로 애굽에서 오래오래 행복하게 살았대. 화평한 마음을 가진 요셉 덕분에 모두모두 행복해진 거야.

소중한 아가야,
역시 가족은 모여서 함께 살아야 행복한 거야.
우리도 화목하고 평화롭게 오래오래 행복하게 살자.
엄마랑 아빠가 꼭 그렇게 살겠다고 꼭꼭 약속할게.

오늘의 기도

평평의 하나님,
우리 가족이 화목하고 평화롭게 해주세요.
오래오래 함께 행복하게 살게 해주세요.

서로가 서로의 곁에 있기에 가능한 행복이 많아지기를,
우리가 서로의 가족이라는 것이
우리를 가장 행복하게 하는 사실이기를 바라요.
그 사실만으로도 오래오래 함께 행복하면 좋겠어요.

다음의 성경 말씀을 묵상합니다.
우리가 평화를 이루고
평화를 이루는 것을 복이라 여기며
하루하루 걸어가기를 기대하고 기도합니다.

오늘도 예수님의 이름으로 기도드립니다. 아멘.

．

자비한 사람은 복이 있다.

하나님이 그들을 자비롭게 대하실 것이다.

마음이 깨끗한 사람은 복이 있다. 그들이 하나님을 볼 것이다.

평화를 이루는 사람은 복이 있다.

하나님이 그들을 자기의 자녀라고 부르실 것이다.

(마태복음 5 : 9 새번역)

🍀 성경 말씀 따라 쓰기 🍀

에서의 동생이
돌아올까?

사랑하는 아가야,

에서는 동생 야곱과 사이좋게 지내지 못했대.

하지만 오랜 시간이 흘러서 마음이 바뀌었지.

에서는 야곱과 함께 화목하게 지내고 싶어졌어.

이제 야곱만 돌아오면 되는데, 야곱이 과연 돌아올까?

꽃꽃꽃꽃

이번에는 젖과 꿀이 흐르는 가나안으로 가 볼까? 왜 젖과 꿀이 흐르느냐고? 음매음매 젖소와 아름다운 꽃이 많아서 우유와 꿀을 얻기에 좋기 때문이래.

어, 저기 허겁지겁 뛰어가는 사람이 있네. 저 사람이 누구냐고? 바로 에서야. 무슨 급한 일이 있는 것 같은데 누가 에서의 앞을 탁 가로막았네!

"안녕하세요! 야곱 어른이 보내서 왔습니다. 이 선물을 드리라고 하셨습니다."

야곱은 에서의 동생이야. 에서는 깜짝 놀라 한 발짝 뒤로 물러섰어. 정말 굉장한 선물이었거든. 매애매애 염소와 양이 각각 이백이십 마리, 어슬렁어슬렁 걸어오는 낙타가 삼십 마리, 히이힝히이힝 나귀가 삼십 마리, 음매음매 소가 오십 마리였지.

정말 굉장하지? 하지만 에서는 더 큰 선물을 준다고 해도 반갑지 않았대. 선물보다는 동생을 직접 만나고 싶었거든. 그런데 왜 동생과 떨어져 있었냐고? 동생이 에서를 많이 화나게 했거든. 왜 그랬냐고? 이제부터 그 이야기를 들려줄게.

어느 날, 에서가 사냥을 하고 돌아와 문을 벌컥 열었어. 그와 동시에 배에서 꼬르륵꼬르륵 소리가 났지. 때마침 야곱이 부엌에서 죽을 쑤고 있었고, 고소한 냄새가 집 안을 가득 채웠어.

"야곱, 내가 너무 배가 고픈데, 그 죽 좀 줘."

"안 돼! 내가 얼마나 힘들게 끓였는데 왜 형이 먼저 먹겠다는 거야! 나한테 형이라고 부르면 생각해볼게."

"야곱, 우리는 쌍둥이야! 네가 형이면 어떻고 내가 형이면 어떠니? 그런 것으로 따지지 말고 빨리 죽 한 그릇만 줘."

"형은 먼저 태어나 형 대접을 받으니까 내 마음을 몰라. 몇 초 늦게 태어나서 동생 노릇을 해야 하는 나는 무척 억울하다고! 형도 동생이 되어 보면 내 심정을 이해할걸."

"그래, 좋아! 그러면 네가 형 해라. 내가 동생 하면 되지? 이제 얼른 죽을 줘."

"정말이지? 여기서 맹세해! 그러면 죽을 줄게."

"그래, 알았어!"

116

에서는 하늘에 대고 큰 소리로 말했어.

"내가 하나님께 맹세합니다. 야곱이 큰아들이고 내가 야곱 다음입니다."

야곱은 신이 나서 어깨춤을 추며 김이 모락모락 나는 죽을 떠서 그릇에 담았어. 말랑말랑 쫄깃쫄깃한 떡도 꺼냈지.

"에서야, 여기 있어. 내가 아껴두었던 떡도 줄게. 이제부터 넌 내 동생이니까 좋은 걸 줘야지. 배불리 먹으렴."

에서는 떡을 우적우적 씹어 먹었어. 죽을 후루룩후루룩 들이마셨지. 배가 부르니까 기분이 좋아졌어.

성경 속에서는…

이삭과 리브가의 아들로 쌍둥이 동생인 야곱의 형이다. 에서는 팥죽 한 그릇에 장자권을 동생에게 주고 말았다. 결국 그는 가문의 대표로 인정받을 기회를 잃었고, 동생보다 두 배의 유산을 받을 수 있는 축복을 빼앗겼다. 그는 뒤늦게 그 사실을 깨닫고 동생 야곱을 죽이려 했고, 야곱은 형에게 쫓기는 도망자 신세가 되었다. 그러나 나이가 들어 야곱을 용서했고, 돌아온 야곱을 따뜻하게 받아주었다. 성경 속에서 에서가 차지하는 비중은 매우 적다. 앞서 설명한 내용이 전부이지만 에서는 용서와 화해를 깊이 묵상하도록 해준다.

"하하하, 진짜 맛있다. 야곱! 아니, 아니. 이제부터 형이지. 야곱 형! 동생이 더 좋은 것 같은데! 이렇게 맛있는 죽과 떡도 먹을 수 있고 말이야."

야곱도 기분이 좋았지. 이제부터 자신이 형이니까 말이야. 둘은 하하하 웃었어.

그런데 왜 에서가 화가 났냐고? 나중에서야 야곱이 맏아들의 축복을 가로채려고 꾀를 썼다는 사실을 알게 되었거든. 하지만 돌이킬 수 없었지. 하나님께 맹세했잖아. 에서는 주먹을 불끈 쥐고 야곱을 찾으러 다녔어. 야곱은 이 사실을 알고 후다닥 외삼촌이 사는 하란으로 도망쳤고 말이야. 거기서 라헬을 만나 요셉을 낳았지.

먼저 들려줬던 이야기 기억나지? 야곱과 라헬 이야기 말이야. 그 이야기에서 라헬을 사랑했던 요셉의 아빠가 여기에 나오는 에서의 동생 야곱이야.

자, 다시 에서의 이야기로 돌아가보자. 음, 어디까지 했더라. 그래, 에서가 동생 야곱에게 화가 났지.

지금은 어떠냐고? 엄마, 아빠가 에서한테 한번 물어볼게.

"에서야, 야곱을 생각하면 아직도 화가 나니?"

"아니, 시간이 많이 흘렀는걸. 나는 동생을 만나서 얼른 화목하게 지내고 싶어."

에서가 손사래를 치면서 대답하는데? 이제 야곱만 돌아오면 되겠다고? 응, 야곱도 돌아올 거래. 돌아오기 전에 에서가 화를 낼까봐 선물을 먼저 보낸 거래. 하지만 에서는 선물보다 야곱이 더 빨리 보고 싶었지. 에서는 헐레벌떡 뛰어가면서 동네 사람들에게 자랑했대.

"우와, 내 동생이 돌아왔어요!"

에서는 기쁨을 감출 수 없었어. 얼마쯤 뛰었을까? 에서는 온몸이 땀으로 범벅이 되어서 야곱을 만났어.

"야곱, 네가 내 동생 야곱이 맞니?"

"네, 형. 내가 야곱이에요. 먼저 절부터 받으세요."

야곱은 에서에게 꾸벅 엎드려 절을 했지. 에서는 야곱을 꼭 끌어안았어. 그리고 얼굴을 매만지며 말했지.

"네가 야곱이구나. 내 동생 야곱이구나. 와아, 정말 내 동생이 돌아왔구나!"

"형! 내가 정말 잘못했어요."

"다 지난 일이야. 나는 이미 너를 용서했다. 돌아와줘서 고맙구나. 야곱아!"

그렇게 둘은 화해했어. 다시 평화가 찾아왔지. 그 이후로는 서로
아끼고 사랑하는 사이좋은 형제가 되었대.

소중한 아가야,
우리 아가도 에서의 성품을 배워보면 어떨까?
상대방의 잘못을 용서하고
주변을 화목하게 만드는 사람이 되면 참 좋을 것 같아.

사람들과 화목하게, 더불어 함께 사는 것은
자신에게도 큰 유익을 주는 일이거든.
용서받은 야곱도 기뻤겠지만,
용서함으로 얻은 에서의 평안은 더 큰 것이란다.

오늘의 기도

화평의 하나님,
우리 아기도 화평의 성품을 가지게 해주세요.

사람들과 더불어 함께, 화목하게 살면서
평안을 얻는 삶을 누리게 해주세요.

더불어 함께 평화를 산다는 것이 힘들고 버겁더라도
그것이 진정한 평화임을 깨닫고
길벗들과 함께 손잡고 걷는 삶이길 바랍니다.

다음의 성경 말씀을 묵상합니다.
우리가 화평을 이루고 화목하게 사는 것을 복이라 여기며
하루하루 살아가기를 바라고, 기대하고, 기도합니다.

오늘도 예수님의 이름으로 기도드립니다. 아멘.

악한 일은 피하고, 선한 일만 하여라.

평화를 찾기까지, 있는 힘을 다하여라.

주님의 눈은 의로운 사람을 살피시며,

주님의 귀는 그들이 부르짖는 소리를 들으신다.

(시편 34 : 14 – 15 새번역)

🍀 성경 말씀 따라 쓰기 🍀

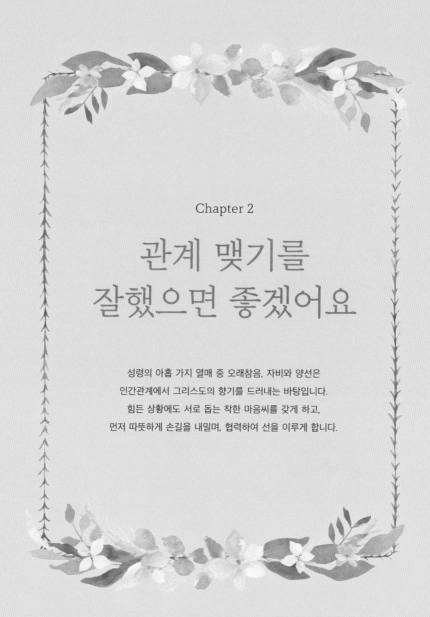

Chapter 2

관계 맺기를
잘했으면 좋겠어요

성령의 아홉 가지 열매 중 오래참음, 자비와 양선은
인간관계에서 그리스도의 향기를 드러내는 바탕입니다.
힘든 상황에도 서로 돕는 착한 마음씨를 갖게 하고,
먼저 따뜻하게 손길을 내밀며, 협력하여 선을 이루게 합니다.

오래참음
Patience

오래 참는다는 것은 남에게 멸시받거나 억울함을 당해도

분노를 드러내지 않고, 참고 견디며 선으로 악을 이기는 것을 말한다.

오래 참는 사람은 인내를 통해 문제를 극복하고,

성급하지 않으며, 모든 일에 꾸준하고 성실하다.

실망이나 낙담을 하지 않으며, 시험과 환난이 닥쳐도 요동하지 않는다.

오래참음 이야기 하나

사가랴와 엘리사벳은
아기를 선물로 받았을까?

사랑하는 아가야,

믿음으로 기다릴 줄 아는 부부의 이야기를 들려줄게.

그 부부는 아기를 가질 수 없었대.

하지만 실망하지 않고 인내하는 마음으로 아기를 기다렸지.

항상 쉬지 않고 기도했어.

그 기도를 하나님께서 들어주셨을까?

오늘은 한 성전을 구경해보자. 이 성전에는 어떤 부부가 나와 매일 기도를 한대. 문을 열고 들어가볼까?

"하나님! 저희에게 아기를 선물로 주세요."

머리에 눈이 내린 것처럼 머리카락이 하얀 할아버지가 기도를 하고 있네. 그 옆에는 할머니가 눈을 꼭 감고 기도를 하고 있어. 누구냐고? 글쎄, 누굴까?

"여보, 이만 돌아가요."

"그래요. 엘리사벳. 그게 좋겠군요."

아, 성경에 나오는 사가랴와 그의 아내 엘리사벳이구나. 그들이 누구냐고? 그들은 하나님의 율법을 잘 지키며 행복하게 사는 부부야. 하지만 그들에게는 걱정이 하나 있었어. 아기가 없었던 거야. 부부는 이미 노인이 되었지만, 그래도 소망을 잃지 않았어. 하나님께서 꼭 아기를 선물로 주실 거라고 믿었거든.

그들은 오래 참고 기다렸지. 하루도 쉬지 않고 매일매일 간절히 기도했어. 하나님께서 아기를 빨리 주시면 좋을 텐데. 사가랴와 엘리사벳은 언제쯤 아기를 선물로 받을 수 있을까?

"엘리사벳, 오늘은 내가 먼저 나가 예배를 준비할게요."

"네, 조심히 가세요."

사가랴는 아침 일찍 집을 나섰어. 성전에 나가 정성스레 예배를 준비했지. 그런데 조금 이상한 기분이 들었어. 낯선 누군가가 뒤에 서 있는 것만 같았지. 겁이 났지만, 용기를 내서 뒤를 돌아보았어. 사가랴는 너무 놀라서 눈을 끔벅거렸지.

낯선 남자가 말했어.

"사가랴야, 두려워하지 마라. 하나님께서 너의 기도를 들으셨다. 너에게 아들을 선물로 주실 것이다."

사가랴는 낯선 남자를 쳐다보고 싶었지만 눈을 제대로 뜰 수 없었어. 찬란한 빛이 그 남자를 에워싸고 있었거든.

"당신은 도대체 누구십니까?"

"나는 천사 가브리엘이다."

천사 가브리엘이라면 마리아에게 아기가 생긴다고 말해주었던 그 천사잖아? 그렇다면 사가랴에게도 아기가 생긴다는 말이 사실인가 봐. 사가랴가 신이 나서 펄쩍펄쩍 뛰었냐고? 아니, 아니. 사가랴는 쉽게 믿을 수 없었어.

"저희에게 정말 아기가 생기나요?"

"그렇다. 그 아이는 세상 모든 사람들에게 큰 기쁨을 줄 아이란다. 그는 곧 이 세상에 오실 주님을 맞이하도록 사람들을 준비시킬 사람이다. 아이의 이름은 요한이라고 해라."

가브리엘은 다정한 목소리로 말했어. 사가랴는 마음이 떨려서 손을 만지작거렸지. 손에 쭈글쭈글한 주름이 느껴졌어.

"하지만 저와 아내는 이미 늙었습니다. 그런데 어떻게 아기를 갖는 일이 가능하겠습니까?"

천사는 눈을 살짝 찌푸렸어. 그리고 혀를 끌끌 차며 말했지.

"쯧쯧, 나를 너에게 보내신 분은 하나님이시다. 어찌 하나님의 말을 믿지 못하느냐? 네가 믿지 못했기 때문에 너는 아들이 태어날 때까지 말을 하지 못하게 될 것이다. 나의 말은 곧 하나님의 뜻이므로 때가 되면 다 이루어질 것이다."

말을 마친 천사는 어디론가 사라져버렸어. 사가랴는 성큼성큼 집으로 갔어. 엘리사벳에게 천사가 한 말을 전해주고 싶었지. 하지만 사가랴의 입에서는 아무 소리도 나지 않았어. 정말 말을 할 수 없게 된 거야.

할 수 없이 사가랴는 끼적끼적 종이에 써서 이 사실을 알렸지.

"와! 정말이지요?"

엘리사벳의 물음에 사가랴는 고개를 끄덕였어. 엘리사벳은 기쁨을 감출 수 없었어. 하나님께 감사 기도를 드렸지. 사가랴가 말을 못하게 된 것은 안타까웠지만, 기다리기로 했어. 하나님께서 다시 만을 힐 수 있게 애수실 거라고 빌었거든. 곧 엘리사벳의 배가 불러오기 시작했어. 엘리사벳은 매일 감사 기도를 드렸어. 말을 할 수 없는 사가랴는 마음으로 기도드렸지. 그리고 시간이 흘렀어. 드

성경 속 사가랴와 엘리사벳은…

율법을 잘 지키는 의로운 부부였으나, 노인이 되도록 아이를 가질 수 없었다. 아이를 갖는 것이 소원이었던 이들에게 가브리엘 천사가 찾아와 희소식을 전했다. 엘리사벳이 아들을 낳을 것과 아들의 미래에 대해 예언한 것. 그러나 사가랴는 천사의 말을 믿지 않아 말을 할 수 없게 되었다. 마침내 임신을 한 엘리사벳은 다섯 달 동안 숨어있었다. 그녀는 그 이유를 '주께서 나를 돌아보시는 날에 인간의 부끄러움을 없게 하시려고 이렇게 행하심이라'고 말했다. 열 달이 지난 후 아기가 태어났고, 천사의 말대로 아들의 이름을 요한이라고 짓자 비로소 사가랴의 혀가 풀렸다. 이들 부부의 이야기는 오래참음의 본보기라고 할 수 있다.

디어 사가랴의 집에 아기 울음소리가 울려 퍼졌지.

"응애응애."

와, 드디어 엘리사벳이 아들을 낳은 거야. 엘리사벳의 친척들이 좋은 소식을 듣고 한걸음에 달려왔지.

"사가랴와 엘리사벳! 오래 참고 기도하더니 드디어 이렇게 축복을 받았군요."

"정말 축하해요! 잘생긴 아기로군요."

"하하하! 정말 씩씩하게 생겼는걸요."

사가랴의 집에 웃음꽃이 활짝 피었어. 사가랴와 엘리사벳은 연신 싱글벙글 웃음만 났대. 그 모습을 본 친척들은 모두 자신의 일처럼 기뻐했지. 친척 중 한 명이 호기심 가득한 얼굴로 물었어.

"아기의 이름은 뭐라고 하지?"

"아버지의 이름과 같이 사가랴라고 할까?"

또 다른 친척이 물으며 사가랴를 쳐다보았어. 사가랴는 고개를 절레절레 흔들며 뭔가 말을 하고 싶어서 입을 벙긋거렸어. 친척들은 사가랴에게 종이를 가져다주었지. 사가랴는 종이에 '요한'이라고 썼어.

"아이의 이름은 요한이다."

사가랴는 종이를 주며 말했지. 어, 사가랴가 말을 했냐고? 그래,

바로 그 순간에 사가랴의 입이 열렸지 뭐야.

"하나님, 감사합니다!"

사가랴는 큰 소리로 외쳤어. 친척들은 사가랴가 말을 하자 깜짝
놀랐지. 그런데 엘리사벳은 별로 놀라지 않았대. 하나님께서 사가
랴를 다시 말하게 해주실 거라고 믿고 있었기 때문이었지. 엘리사
벳은 웃으며 사가랴에게 축하 인사를 건넸어.

"여보! 다시 말을 하게 된 것을 축하해요."

"고마워요. 모두 당신이 기도해준 덕분이에요. 아기를 낳느라고
고생 많았어요."

사가랴와 엘리사벳은 감격을 감출 수 없었지. 서로 부둥켜안고 기뻐했어. 아기도 옹알옹알 소리를 냈지.

"이 녀석! 아빠가 말을 할 수 있으니까 같이 이야기하고 싶은가 보구나."

사가랴가 아기를 안으며 말했어. 그 말에 엘리사벳이 웃었지. 사가랴도 따라 웃었어. 한참동안 그렇게 사가랴와 엘리사벳은 하하 호호 웃었대.

소중한 아가야,
오래 참고 기다려서 얻은 기쁨은 정말 어떤 말로도
표현할 수 없을 만큼 아름답고 빛이 나.

어떻게 아냐고? 엄마, 아빠는 그 마음을 알거든.
우리 아기만 생각하면 온 세상이 빛나고 아름다워.
정말 널 얻은 기쁨은 어떤 말로도 표현할 수 없어.
이 세상을 다 준다 해도 바꾸지 않을 거야.

 오늘의 기도

인내의 하나님,
우리는 ○게 참고 얻은 기쁨이 얼마나 큰지 힐난서노
또 기다림이 찾아오면 참기 힘들다고,
어린아이처럼 투정을 부리곤 합니다.

성숙한 부모가 되고 싶지만
아직도 성장해야 할 부분이 많다는 걸 느낍니다.
느리지만 잘 자라고 싶습니다.
아이만 자라게 하는 부모가 아니라,
아이와 함께 자라는 길벗이고 싶습니다.

다음의 성경 말씀을 묵상합니다.
악한 일은 피하고 선한 일을 하며 평화를 찾고
평안을 초대하는 가정이기를 원합니다.

오늘도 예수님의 이름으로 기도드립니다. 아멘.

그대는 말씀을 선포하십시오.

기회가 좋든지 나쁘든지, 꾸준하게 힘쓰십시오.

끝까지 참고 가르치면서, 책망하고 경계하고 권면하십시오.

(디모데후서 4 : 2 새번역)

🍀 성경 말씀 따라 쓰기 🍀

오래참음 이야기 둘

욥이 사탄의 시험을
이겨냈을까?

사랑하는 아가야,

오래 참는다는 것은 시간을 말하기도 하지만

얼마나 많이 참았는가라는 횟수를 말하기도 해.

오래 참는 것도 중요하지만 여러 번 참는 것도 중요하거든.

지금부터 욥의 이야기를 들려줄게.

욥은 여러 번 오래 참는 시합이 있었다면

거기에서 반드시 일등을 했을 사람이야.

하나님께서는 욥에 대해 이렇게 말씀하셨대.

"욥은 참 아름다운 성품을 가졌지. 아마도 세상에서 욥만큼 진실한 마음으로 나를 섬기는 사람은 없을 거야."

하나님께서 이렇게 칭찬할 만한 사람이라니, 어떤 사람인지 더 궁금해지지? 욥은 으리으리한 집을 가지고 있었어. 그리고 양과 소 같은 동물을 천 마리도 넘게 가지고 있었지. 거느리는 하인도 굉장히 많았어.

어느 날, 천사들이 하나님의 말씀을 듣기 위해 옹기종기 모여 앉아 있었지.

"세상을 둘러보러 갈 때 욥을 한번 보거라. 욥은 정말 진실하고 착한 사람이야."

하나님은 천사들에게 말씀을 전하시다가도 욥을 칭찬하셨어.

천사들은 욥의 칭찬을 들으며 기뻐했지. 세상에 그렇게 좋은 사람이 있다는 건 기쁜 일이잖아. 하지만 그 중에 씩씩대는 천사가 있었어. 왜 그랬냐고? 천사가 아니었거든. 사탄 하나가 천사들 사이를 비집고 들어가 앉아 있었던 거야. 사탄은 칭찬을 싫어하거든. 남을 헐뜯고 미워하는 것만 좋아하지. 사탄은 벌떡 일어나 하나님께고 기세 비꿰비틱 큰 소리로 말했대.

"하나님, 욥은 분명히 그렇게 좋은 사람이 아닐 거예요! 욥에게 많은 복을 주셔서 그런 거지. 하나님께서 욥을 돌보아주시지 않으면 욥은 하나님을 저주하는 사람이 될 거예요!"

"아니다. 욥은 그런 사람이 아니야."

사탄은 심술이 났어. 욥이 복을 받는 것도, 칭찬을 받는 것도 싫었거든.

"저는 믿지 못하겠어요! 그를 시험해보겠어요!"

"그래, 믿지 못하겠다면 시험해보아도 좋다."

하나님의 허락이 떨어지자 사탄은 히죽히죽 웃었어. 그리고 바람처럼 날쌔게 세상으로 내려갔지.

그때 욥은 집에서 편안히 쉬고 있었어. 창을 통해 불어오는 시원한 바람을 느끼며 눈을 감고 있었지. 하인이 뛰어 들어오는 바람에 평화로운 휴식은 순식간에 산산조각이 났지만 말이야.

"주인님! 큰일 났습니다. 낯선 사람들이 쳐들어와서 들에 있던 소와 말을 모두 훔쳐가버렸습니다."

이 말을 들은 욥은 화들짝 놀랐지. 그런데 여기에서 끝이 아니었어. 금방 또 다른 하인들이 연달아 달려왔어.

"주인님! 양 떼와 목자들이 벼락을 맞았어요."

"주인님, 주인님! 갈대아 사람들이 몰려와 주인님의 하인들을 해치고 낙타를 훔쳐갔어요."

"주인님! 강풍이 불어와 큰 도련님 댁이 무너졌어요!"

욥은 연이은 날벼락에 넋이 빠졌지. 엉엉 울기도 했어. 하지만 다시 힘을 냈어. 하나님이 지켜주실 거라고 믿었거든.

"하나님! 저는 믿어요. 분명히 하나님께서 저와 함께 하신다는 것을요. 하나님께서 모든 것을 주셨으니, 하나님께서 모든 것을 거두어 가신다고 해도 괜찮습니다. 저는 영원히 하나님을 찬양할 거예요."

욥은 하나님께 기도를 드렸어. 하나님은 욥의 기도를 들으셨지. 천사들도 들었어. 욥을 괴롭혔던 사탄도 들었냐고? 그럼 그럼! 기도를 들은 사탄은 어깨가 축 처져서 하나님을 찾아갔대.

"사탄아, 욥을 시험해본다더니 어떻게 되었느냐? 욥이 네 말대

나를 저주하더냐?"

사탄은 우물쭈물하며 대답을 하지 못했지.

"거봐라. 내 말이 맞지 않느냐?"

하나님은 허허허 웃으셨어. 사탄은 하나님을 힐끗 노려보고는 주먹을 불끈 쥐며 말했어.

"하나님! 아무리 믿음 좋은 욥이라고 해도 자기 몸이 아프면 분명히 하나님을 싫어할 거예요. 마지막으로 한 번만 시험해보면 안 될까요?"

"그렇다면 네 뜻대로 해보아라. 하지만 내가 사랑하는 욥의 목숨까지 빼앗으면 안 된다."

사탄은 씩 웃으며 다시 세상으로 내려갔어.

욥은 침대에 풀썩 주저앉아 있었어. 그동안 힘든 일이 많아서 잠을 제대로 이루지 못했거든. 잠을 푹 자고 싶어서 침대에 누워 눈을 감았지. 그런데 갑자기 얼굴이 간질간질했어. 다음에는 팔이, 그 다음에는 배가 간지럽더니 금세 온몸이 다 간지러웠어. 참을 수 없어 긁적긁적 대다가 눈을 게슴츠레 뜨고 몸을 살펴보았어. 그런데 이게 어찌 된 일이야? 온몸에 종기가 나 있지 뭐야.

"아이고, 아이고! 재미있어 죽겠네. 하하하!"

이게 무슨 소리냐고? 사탄이야. 사탄이 욥을 보며 웃는 소리야. 욥의 몸에 종기를 나게 한 것은 사탄이었어. 욥의 몸을 아프게 한다고 했잖아. 얄미운 사탄 같으니라고. 깊은 슬픔에 빠져 있는 욥에게 저렇게 나쁜 짓을 또 하다니. 옆에 있다면 꿀밤을 콕 하고 때려 주고 싶다니까.

욥은 너무 힘이 들었어. 몸이 너무 가려워 잠을 이룰 수도 없었어. 깨진 그릇 조각으로 온몸을 긁어댔지. 사람들은 욥을 보며 쯧쯧 혀를 찼어.

성경 속 욥은…

가혹한 시련을 견뎌내고 믿음을 굳게 지킨 인물이다. 욥은 하나님이 사탄에게 자랑할 만큼 인정받은 자였다. 욥은 슬하에 열 명의 자녀들을 두었으나 자녀들이 모두 일찍 죽는 시련을 당했다. 욥은 나중에 다시 아들 일곱과 딸 셋을 낳는 축복을 받았다. 고난에 대해 묵상하고 싶다면 욥의 이야기를 다룬 구약 성경 '욥기'를 추천한다. '욥기'는 문학성을 갖춘 작품으로 평가받고 있다. '욥기'가 주는 고난에 대한 교훈은 특별하다. 욥은 현실의 고통을 부정적으로 생각하지 않았고, 오히려 긍정적으로 해석했다. 욥의 절대 신앙과 여러 번의 시험에서 끊임없이 인내하는 모습은 마음에 깊이 새겨질 만한 진실한 교훈을 줄 것이다.

"부자 욥이 어쩌다 저렇게 되었어? 하나님을 잘 믿는 사람인데, 하나님이 도와주시지도 않는 거야?"

욥의 모습을 지켜보던 아내는 고함을 질렀어.

"여보! 당신이 믿는 하나님이 정말 있어요? 이런 지경이 되었는데도 계속 하나님을 섬길 작정인가요?"

욥은 오히려 아내를 안쓰럽게 쳐다보며 말했어.

"그런 말 말아요. 하나님이 우리에게 얼마나 많은 복을 주셨는지 다 잊어버린 거예요? 지금 나쁜 일이 일어났다고 해서 하나님을 비난하면 안 돼요."

이 말을 들은 사탄은 두 손과 두 발을 다 들었어. 욥의 착한 마음이 나쁜 사탄을 이기는 순간이었지.

"어휴, 정말 대단한 사람이구나. 에구, 나도 이쯤에서 포기해야겠다."

사탄은 이렇게 말하고 휘잉 떠나갔어. 사탄이 자취를 감추자, 거센 바람이 불었고 하나님이 짠 나타나셨지. 욥은 깜짝 놀랐어. 사실 마음속으로 생각했거든. '하나님, 이제 너무 힘이 듭니다. 저는 죄가 없습니다' 하고 말이야. 하나님께서는 욥에게 물으셨대.

"욥아, 너는 이 모든 것을 알 수 있는 지혜가 있느냐?"

욥은 부끄러웠어. 자신의 지혜가 부족함을 깨달았던 거야.

"내가 주께 대하여 귀로 듣기만 했는데, 이제는 눈으로 하나님을 뵙는 영광을 누리네요. 주님, 제가 주님의 뜻을 헤아리지 못했어요."

하나님은 욥을 보며 흐뭇하게 웃으셨어.

"욥아! 너의 깊은 믿음은 어떤 시험도 이겨내는구나. 내가 너에게 전보다 더 많은 복을 주겠다."

"감사합니다. 하나님!"

욥은 허리를 굽혀 인사했어. 어! 이게 웬일이야. 고개를 들어보니 몸이 깨끗해져 있지 뭐야. 욥은 기뻐하며 만세를 불렀지.

소중한 아가야,

욥은 정말 대단하지?

이렇게 여러 번 참아내다니 말이야.

욥은 나중에 더 큰 부자가 되고, 아들과 딸도 많이 낳았대.

하나님께서 욥의 인내를 어여삐 여기시고 복을 주신 거야.

오늘의 기도

인내의 하나님,
욥이 나중에 부자가 된 것도 축복이고
아들과 딸을 많이 낳은 것도 축복이지만
욥의 고난도 축복이라고 생각합니다.

부와 명예만이 축복이라고 말하는 세상에서
고난을 견디고 고난 중에도 믿음을 잃지 않는 것이
축복이라는 고백은 더욱 귀한 축복일 테니까요.

다음의 성경 말씀을 묵상합니다.
우리도 고난을 함께 참고 견디며
고난 중에도 믿음을 잃지 않는 가정이 되기를 바랍니다.
인내할 수 있는 축복을 받기를 바라고 기도합니다.

오늘도 예수님의 이름으로 기도드립니다. 아멘.

형제자매 여러분, 주님의 이름으로 예언한 예언자들을
고난과 인내의 본보기로 삼으십시오.
보십시오. 참고 견딘 사람은 복되다고 우리는 생각합니다.
여러분은 욥이 어떻게 참고 견디었는지를 들었고,
또 주님께서 나중에 그에게 어떻게 하셨는지를 알고 있습니다.
주님은 가여워하시는 마음이 넘치고, 불쌍히 여기시는 마음이 크십니다.

(야고보서 5 : 10 – 11 새번역)

🌿 성경 말씀 따라 쓰기 🌿

다섯 번째 열매

자비

Kindness

자비는 사람에게 친절을 베푸시는 하나님의 모습을 말하며,
남을 긍휼히 여기며 구제에 힘쓰는 그리스도인의 성품이다.
자비를 품은 사람은 겉으로 상대를 판단하지 않으며 언행에 경솔하지 않다.
또한 사람들에게 관대하고 친절하며 상대방을 존중한다.

하나님께서 메추라기와
만나를 내려주셨대

사랑하는 아가야,

푸드덕 파드닥 푸드득 파드닥. 이게 무슨 소리일까?

새소리 같다고? 맞아, 메추라기라는 새소리야.

하늘에서 많은 메추라기들이

날개를 푸드덕거리며 내려오고 있어.

무슨 일일까 궁금하지?

옛날 옛날에, 이스라엘 백성들이 광야를 헤맬 때의 이야기야. 이스라엘 백성들이 애굽에서 나와 가나안 땅을 향해 가고 있었지. 사람들의 표정은 점점 굳어졌어. 조금 전까지도 바로 이렇게 하나님께 감사하던 사람들이었는데 말이야.

"하하, 이제야 우리가 자유라는 게 믿어지네."

"애굽에서 했던 노예 생활은 정말 힘들었어. 이렇게 자유를 주신 하나님께 감사해."

"그럼 그럼. 그 감사를 어떻게 말로 표현할 수 있겠나?"

분명히 이렇게 말했어.

그런데 왜 지금은 표정이 굳어졌냐고? 글쎄, 지금부터 그 이유를 들어볼까?

"아, 고기를 먹고 싶어. 애굽에 있을 때는 생선도 잔뜩 먹었는데."

"생선뿐만 아니라 먹을 것이 엄청 많았다고. 혹시 지금 우리에게 남아있는 음식은 없나?"

"애굽에서 가지고 나왔던 것들 말인가? 그건 생선 뼈다귀조차도 남지 않았다네."

"애굽이 그립네. 거기서 먹었던 맛있는 음식들이 자꾸 생각나."

아, 몹시 배고파서 그런 거였구나.

"하니님, 링아는 바짝 마른 땅이에요. 음식을 찾을 수가 없어요. 저희에게 음식을 보내주세요."

"하나님, 애굽 땅에 있을 때 먹었던 떡이랑 고기가 먹고 싶어요!"

그들은 이렇게 간절하게 하나님께 기도했어. 그 기도를 들은 하나님은 광야를 가득 메울 만큼 쩌렁쩌렁한 목소리로 말씀하셨어.

"너희가 해 질 때에는 고기를 먹고, 아침에는 떡으로 배부르리니 나는 여호와 너희의 하나님인 줄 알리라."

갑자기 쌩쌩 바람이 불었지. 푸드덕 파드닥 푸드득 파드닥. 무슨 소리인지 알지? 응, 맞아. 처음에 이야기해주었던 메추라기의 소리야. 메추라기들이 떼로 날아오는 것이었어.

"와, 메추라기다!"

"우리 어서 메추라기 고기를 먹자!"

백성들은 신이 났지. 수많은 메추라기들이 하늘에서 후드득후

드득 떨어졌으니 말이야. 백성들은 서둘러 메추라기를 요리해서 냠냠거리며 맛있게 먹었어.

"이렇게 맛있는 고기는 난생 처음이네. 정말 맛있어."

"그러게. 이렇게 고기를 내려주신 하나님께 감사해야겠어."

"정말 자비로운 하나님이야. 우리가 불평을 늘어놓았는데도 이런 은혜를 내려주시다니 말이야."

이스라엘 백성들은 하나님께 감사했지. 그리고 생각했대. 정말 놀라운 일이라고 말이야. 하늘에서 메추라기들이 소나기처럼 쏟아졌으니 그럴 수밖에. 엄마랑 아빠도 많이 놀랐는걸. 그런데 다음 날 아침에 더 놀랄 일이 기다리고 있었대.

성경 속 하나님은…

인격적이고 초월적인 분이다. 하나님은 여러 이름으로 불리셨는데, 그 중 대표적인 이름은 '여호와'이다. 여호와는 구약 시대에 불린 하나님의 이름으로 '언제나 존재하시는 분'을 의미한다. 하나님은 전지전능하시며 영원한 주권자시다. 하나님은 자비로우시며 신실하시고 거룩하신 분이다. 이 책에서 하나님을 빠뜨릴 수는 없다. 성경은 하나님이 존재한다는 사실에서부터 시작하기 때문이다.

메추라기를 배불리 먹고 난 이스라엘 백성들은 모두 꿀처럼 달콤한 잠을 이루었지. 오랜만에 마음껏 음식을 먹었으니 얼마나 행복했겠어? 아침에 눈을 뜨면서도 행복했대.

"안녕히 주무셨어요? 아직도 배가 부르네요."

"그러게요. 오랜만에 단잠을 잤어요."

사람들은 아수 기분 좋게 아침 인사를 나누었어. 그런데 순간 모든 사람들이 어느 한 곳을 바라보며 입을 쩌억 벌렸어. 글쎄, 땅 위에 아주 작고 둥근 씨앗 같은 것들이 뿌려져 있는 게 아니겠어.

"이것이 무엇일까요?"

사람들은 어리둥절했지. 그때 지도자 모세가 나와서 말했어.

"이것은 하나님께서 너희에게 주신 양식이란다."

사람들은 그것을 맛보았어. 그 맛은 꿀 섞인 과자처럼 달콤했대. 사람들은 그것을 '만나'라고 불렀어. 사람들은 만나를 주워 떡을 만들었고, 이 떡은 매우 맛있고 귀한 식량이 되었지. 모세는 또 말했어.

"하나님께서는 이스라엘 백성들에게 그날 먹을 양만큼만 줍고, 여섯째 날에는 이틀 먹을 양만큼 주워서 안식일을 거룩하게 지키라고 하셨다. 그리고 사람들마다 먹을 만큼만 거두고 아침까지 남겨두지 말아라!"

사람들은 모두 자기가 먹을 만큼만 만나를 주웠지. 하나님께서는 그들이 먹을거리를 걱정하지 않도록 해주셨던 거야. 계속 그랬냐고? 그럼 그럼. 이스라엘 백성들이 가나안 땅에 도착할 때까지 사십 년 동안 메추라기와 만나를 주셨대. 단 하루도 빠짐없이 말이야.

소중한 아가야,
엄마랑 아빠는 사십 년 동안 메추라기와 만나를 주셨다는
사실에 깜짝 놀랐어. 사십 년은 무척 긴 시간이거든.

하나님은 엄마랑 아빠에게도 같은 은혜를 주고 계셔.
매일 일용할 양식과 때에 맞는 만나를 주시니 참 감사한 일이지.

우리 아기를 주신 것도 매일 감사하고 있어.
너는 우리에게 주어진 가장 큰 은혜야.
우리, 앞으로 함께 감사하는 가족이 되자.

오늘의 기도

자비의 하나님,
언제나 우리에게 자비를 베풀어주셔서
항상 고맙고 또 감사드립니다.

우리가 숨 쉬는 것과 살아있는 것에,
먹을 것과 입을 것이 있음에 감사드립니다.
배 속에 소중한 아기를 허락해주심에,
우리를 서로 허락해주시고 사랑할 수 있음에 감사드립니다.

다음의 성경 말씀을 묵상합니다.
하나님의 자비를 잊지 않고
하나님의 약속을 잊지 않고
하나님의 사랑을 잊지 않겠습니다.

오늘도 예수님의 이름으로 기도드립니다. 아멘.

주 당신들의 하나님은 자비로운 하나님이시니,

당신들을 버리시거나 멸하시지 않고,

또 당신들의 조상과 맺으신 언약을 잊지도 않으실 것입니다.

(신명기 4 : 31 새번역)

🍀 성경 말씀 따라 쓰기 🍀

자비 이야기 둘

아브라함은
소돔 성을 위해 기도했어

사랑하는 아가야,

어느 마을에 다른 사람의 아픔을 자신의 일처럼 여기는

아브라함 할아버지가 살고 있었대.

그 마음이 너무 예뻐서 하나님도 감동하실 정도라는데,

어떤 분인지 궁금하지? 자, 이제부터 들려줄게.

※※※※

어느 날, 하나님께서는 아브라함의 집에서 떠날 채비를 하고 계셨어. 천사들과 함께 아브라함의 집에 머물렀다가 떠나시는 길이었지.

그런데 조금 이상하네? 하나님을 배웅하는 아브라함의 얼굴에 그늘이 있어. 하나님을 사랑하는 아브라함이 왜 웃으며 배웅하지 않았을까? 그건 하나님께서 이렇게 말씀하셨기 때문이래.

"아브라함아, 나는 이제 소돔 성으로 가려 한다. 그곳의 사람들이 잘못을 많이 해서 벌을 주어야겠다."

이 말을 들은 아브라함은 걱정이 되었던 거야. 왜 그러냐고? 아브라함은 자비로운 사람이었어. 잘못한 사람도 불쌍히 여기는 마음을 가지고 있었지. 아! 그리고 이유가 또 있었어. 소돔 성에 조카 롯이 살고 있었거든. 롯이 벌 받을까 봐 걱정이 되었던 거야. 아브라함은 하나님 앞에 엎드려 꾸벅 절을 한 다음 이렇게 말했어.

"하나님, 소돔 성 사람들이 악하다고 하지만, 착한 사람들도 많이 있을 것입니다. 만약에 소돔 성 안에 착한 사람이 오십 명이 있다면, 그들을 위하여 소돔 성 사람들을 용서해주시지 않겠습니까?"

하나님께서는 아브라함의 자비로운 마음을 아셨기 때문에 흐뭇하게 웃으며 말씀하셨지.

"너의 마음이 나를 기쁘게 하는구나. 네 말대로 하겠다."

하나님께서 허락하신 것은 기뻤으나 아브라함은 여전히 걱정이 되었어.

'과연 소돔 성에 착한 사람이 오십 명이나 있을까?'

아브라함은 자신이 없었지. 그도 알고 있었거든. 소돔 성 사람들이 잘못을 저지르며 살고 있다는 사실을 말이야. 그래서 아브라함은 하나님께 다시 말했어.

"하나님, 만약 착한 사람이 마흔다섯 명뿐이라면요?"

"소돔 성에 착한 사람이 마흔다섯 명뿐이라고 해도 그들을 용서해주겠다."

하지만 아브라함은 점점 자신이 없어졌지. 그래서 계속 질문했어. 마흔 명, 서른 명, 스무 명이라면 어떻게 하시겠냐고 말이야. 하나님께서는 모두 아브라함의 뜻대로 하겠다고 말씀해주셨지.

하지만 아브라함은 여전히 마음이 놓이지 않았어. 다시 간절한 목소리로 말했지.

"하나님, 마지막으로 말씀드릴게요. 화내지 말고 들어주세요. 만약 착한 사람이 열 명 밖에 없다면, 소돔 성을 어떻게 하시겠어요?"

"소돔 성안에 착한 사람이 열 명뿐이라 해도 그들을 위하여 성을 멸망시키지 않겠다."

말씀을 마치신 하나님은 천사들과 함께 휘리릭 떠나셨어.

어느새 해가 뉘엿뉘엿 지고 있었어. 소돔 성문 앞으로 여행자 두 명이 걸어오고 있었지. 그들은 먼 길을 왔는지 이마에 땀이 송골송골 맺혀 있고 많이 지친 모습이었어. 마침 성문 앞에서 쉬고 있던 롯이 그들을 발견하고 다가갔어.

"멀리서 오셨나 봐요. 이제 해가 졌으니 저희 집에 가서 쉬시고, 내일 길을 떠나세요."

어머, 그 삼촌에 그 조카네. 아브라함처럼 롯도 자비로운 사람인가 봐. 처음 보는 사람에게 친절을 베푸는 것을 보면 말이야. 여행자들은 롯을 따라갔지. 그런데 롯의 집으로 가는 도중에 누군가 싸우는 소리가 들렸어.

"네 잘못이야!"

"웃기지 마! 내가 무슨 잘못이 있어?"

싸우는 사람들이 열 명도 넘었대. 주위의 다른 이들은 싸움을 말리지도 않고, 모두 찡그린 얼굴을 하고 있었어. 여행자들은 고개를 저으며 생각했대.

'이곳에는 착한 사람들이 없는 거 같애.'

'이곳에서 착한 사람 열 명을 찾는 것은 불가능한 일이야.'

어! 어떻게 하나님과 아브라함이 나눈 이야기를 알고 있냐고? 여행자들이 바로 하나님과 함께 아브라함의 집에 머물렀던 그 천사들이거든. 하나님께서 천사들을 소돔 성에 보내신 거야. 천사들은 싸우는 사람들과 찡그린 얼굴들을 지나서 롯의 집에 도착했어.

롯은 천사들을 위해 맛있는 음식을 마련해주었지. 음식을 배불리 먹은 천사들은 눈을 껌벅거렸어. 긴 여행길에 지쳤는지 잠이 몰려왔거든. 롯은 깨끗한 이불을 깔고 잠자리를 마련해주었어. 롯의 착한 마음에 감동한 천사들은 롯처럼 착한 사람이 열 명만 있었으면 좋겠다고 생각했지. 바로 그때 쿵쿵쿵 거칠게 문을 두드리는 소리가 들렸어. 문을 열자 사람들이 서 있었지. 롯이 물었어.

"대체 무슨 일이지요?"

"롯! 너의 집에 낯선 사람이 왔지? 그 사람들을 내놓아라!"

사람들이 다짜고짜 소리치는 게 아니겠어? 롯은 사람들이 천사들을 해치고 물건을 빼앗으려 한다는 것을 알고 있었어.

"안 됩니다. 그 사람들은 우리 집에 온 손님입니다."

"롯! 너까지 다치고 싶은 거야? 얼른 내놓지 않으면 너도 다칠 줄 알아라!"

이 광경을 뒤에서 지켜보던 천사들은 롯의 팔을 끌어 집 안으로 데려갔어. 그리고 문을 쾅 닫았지. 사나운 사람들은 불같이 화를 내며 날뛰었지. 그런데 갑자기 이상한 일이 벌어졌어.

"어, 눈이 왜 안 보이지?"

"나도 앞이 캄캄해! 어떻게 된 일이야?"

사람들은 깜짝 놀라 이리 뛰고 저리 뛰었지. 알고 보니 천사들이 사람들의 눈을 안 보이게 만들었던 거야. 천사는 이렇게 말했어.

"롯, 우리는 하나님의 명령을 받고 온 천사들이란다. 하나님께서는 이 소돔 성을 멸망시키려 하신다. 그러니 너는 어서 가족을 데리고 이 성을 떠나거라."

롯은 깜짝 놀라 짐을 싸기 시작했어. 천사들은 롯처럼 착한 사람을 찾아서 그나마 다행이라고 생각했대.

한편, 아브라함은 하나님을 배웅하던 곳을 거닐며 기도했어. 그곳 언덕에 오르면 소돔 성이 보였거든.

"사랑의 하나님, 소돔 성에서 착한 사람 열 명을 찾아주세요. 지금은 나쁜 짓을 많이 하지만 언젠가는 하나님 말씀대로 살 수 있을 거라고 믿습니다. 또, 소돔 성에 있는 제 조카 롯을 위해서 기도합니다. 롯은 착하고 사비로운 사람입니다. 나쁜 짓을 할 사람이 아닙니다. 꼭 그를 발견하시고 살려주세요. 예수님의 이름으로 기도드립니다. 아멘."

성경 속 아브라함은…

신약 성경 기자들에 의해 '믿음의 조상'으로 인정받은 사람이다. 그의 나이 75세 때, 하나님께서는 아브라함이 복의 근원이 될 것이라고 약속하셨다. 아브라함의 자비로운 성품은 조카 롯과의 관계에서 빛을 발한다. 가나안에서 가축과 종들이 많아져 조카 롯과 살기가 힘들어지자 아브라함은 롯에게 땅을 차지할 수 있는 선택권을 주었다. 그 후 롯이 위기에 처하자 훈련된 종 삼백여 명을 거느리고 가서 위기에 빠진 롯을 구해주었다. 그는 86세에 애굽인 여종 하갈에게서 이스마엘을 낳았고, 100세에 비로소 아내 사라에게서 이삭을 얻었다. 그리고 그는 이삭을 제물로 바치라는 하나님의 시험에 합격했다.

아브라함은 머리와 수염이 온통 새하얀 할아버지였어. 나이가 들어 한 번 무릎 꿇고 기도하는 것도 힘들었지. 다리가 욱신욱신 아팠어. 하지만 아브라함은 기도를 게을리하지 않았대. 소돔 성만 바라보면 눈물이 났다지 뭐야. 몸은 늙고 약해졌지만 남을 위하는 자비로운 마음은 쇠약해지지 않았던 거야.

소중한 아가야,

남을 위하고 생각하는 마음을 가질 수는 있지만,

그 마음을 오래도록 변치 않고 가지고 있기란 쉽지 않은 거 같아.

하지만 하나님을 본받아 함께 노력하면 좋겠어.

다른 사람들을 소중히 여기고 사랑하며 살 수 있으면 좋겠어.

아브라함 할아버지의 이야기를 떠올리며 백 분의 일,

아니, 만 분의 일이라도 실천하며 살아보자.

오늘의 기도

자비의 하나님,
사람들을 위해 진심으로 기도하는
아브라함의 따뜻한 마음을 느낍니다.
우리가 그 마음을 본받기를 원합니다.

또한 우리가 하나님의 사랑을 본받아
사랑을 주는 부모가 되기를 기도합니다.
자라나는 이 땅의 모든 아기와,
부모로 자라날 이 땅의 모든 이들을 위해 기도합니다.
있는 모습 그대로 자신을, 아기를, 가족을
사랑하는 우리가 되게 하소서.

다음의 성경 말씀을 묵상합니다.
하나님께서 자비로운 것 같이 우리도
자비로운 사람이 되도록 기도하고 노력하겠습니다.

오늘도 예수님의 이름으로 기도드립니다. 아멘.

너희의 아버지께서 자비로우신 것 같이,

너희도 자비로운 사람이 되어라.

(누가복음 6 : 36 새번역)

🍀 성경 말씀 따라 쓰기 🍀

고넬료가
환상을 보았어

사랑하는 아가야,

옛날에 가이사랴라는 마을이 있었어.

그곳에 고넬료라는 사람이 살았대.

항상 베풀길 좋아했던 고넬료를 하나님도 예뻐하셨대.

우리 고넬료 아저씨를 만나러 가이사랴로 떠나 볼까?

❈❈❈❈❈

짠! 가이사랴 마을에 도착했어. 고넬료는 어디 있냐고? 아, 저기에서 문을 두드리고 있네. 무슨 일일까? 한번 들어보자.

"안녕하세요? 먹을 것이 부족하시지요? 이 빵을 드세요."

"아이고, 감사합니다. 역시 고넬료 님뿐이에요."

"별 말씀을요. 얼마 되지 않으니 다 드실 때쯤이면 다시 한번 들르겠습니다."

아, 음식을 나누어 주러 갔었네. 고넬료는 나누어 주는 것이 기뻤던 모양이야. 항상 싱글벙글 웃고 있었거든. 사람들은 고넬료가 지나가면 이렇게 이야기했대.

"아마 고넬료 님은 천사인가 봐. 우리 마을을 통치하러 온 로마 군대의 백부장이면 쩌렁쩌렁 소리를 지르는 게 맞잖아. 그런데 저렇게 친절하고 상냥하니 마치 천사 같다고."

"그러게 말이야. 고넬료 님이 아니었다면 우리는 아마 지금쯤 쫄쫄 굶고 있었을 거라고. 얼마나 고마운지 말로 다 표현할 수가 없어."

사람들은 고넬료를 좋아했어. 그런 고넬료를 하나님도 참 예뻐하셨지. 나누는 성품 때문에 그랬냐고? 응, 물론 그것도 그렇지만 이유가 또 하나 있었어. 고넬료는 꼭 하루 세 번씩 기도하는 사람이었거든.

그렇게 열심히 기도를 하니까 환상을 보기도 했대. 무슨 환상이냐고? 글쎄, 기도하는 중에 하나님의 천사가 불쑥 나타났다지 뭐야.

성경 속 고넬료는…

그는 이스라엘의 가이사랴에 주둔하고 있던 로마 군대의 백부장이다. 백부장이란 군인 백 명을 이끄는 대장이라는 뜻이다. 고넬료는 주둔군의 장교였지만 식민지 백성들을 구제해줌으로 의인이라는 칭찬을 들었다. 또한 이방인임에도 불구하고 하나님을 경외하던 중 계시를 받아 베드로를 초청했다. 친척과 친구들을 모아 베드로의 설교를 들을 때 성령을 받았으며 방언도 받았다. 이방인으로서는 최초로 세례(침례)를 받은 사람이며, 이 사건은 하나님의 구원과 성령이 유대인뿐 아니라 이방인에게도 차별되지 않음을 보여 주는 표적이 되었다.

고넬료는 천사를 보고 너무 놀라서 뒤로 쿵 넘어졌대. 천사는 그 모습을 보고 호호 웃으며 말했대.

"고넬료야, 지금 곧 욥바로 사람을 보내 시몬의 집에 묵고 있는 베드로를 데리고 오너라."

고넬료는 어리둥절했지. 더 황당한 건 뭔지 알아? 천사가 그 말만 남기고 순식간에 사라져 버린 거야. 하지만 고넬료는 그 한마디를 선명하게 기억하고 있었어. 고넬료는 얼른 심부름꾼을 불러 말했지.

"지금 당장 욥바로 가서 시몬의 집을 찾아가거라. 그곳에 머물고 있는 베드로 선생님을 모시고 오너라."

심부름꾼은 서둘러 길을 떠났어. 고넬료는 그 사이에도 남을 돕는 일에 힘쓰며 베드로를 기다렸지.

다음 날 저녁, 베드로가 도착했어. 베드로가 집 안으로 들어오자 고넬료가 일어나 그의 앞에 절을 했어. 베드로는 깜짝 놀라 고넬료를 일으키며 말했지.

"아이고, 로마의 백부장께서 왜 절을 하고 그러십니까?"

"베드로 선생님! 당신을 이곳으로 오게 한 것은 하나님이십니다. 제가 어제 신비로운 환상을 보았거든요."

고넬료는 베드로에게 속닥속닥 이야기했어. 베드로는 귀를 쫑긋 세우고 이야기를 들었지. 고넬료의 이야기가 끝나자, 베드로는 깜짝 놀랐어. 사실은 베드로도 환상을 보았거든. 고넬료의 이야기를 듣고는 비로소 자신이 보았던 환상이 무엇을 의미하는지 깨달았던 거야. 무슨 환상이냐고? 베드로가 옥상에서 기도를 드리고 있을 때였어. 하늘이 열리니니 커다란 보자기가 천천히 내려왔지. 보자기 속에는 길짐승과 뱀과 새가 들어 있었어. 하늘에서 쩌렁쩌렁한 목소리가 들려왔지.

"베드로야! 이 짐승들을 잡아먹어라!"

베드로는 멈칫했어. 그 짐승들은 이스라엘 사람들이 먹지 못하도록 율법으로 금한 것들이었거든. 베드로가 말했지.

"하나님, 먹을 수 없습니다. 저는 이런 깨끗하지 못한 것은 먹지 않겠어요."

"내가 깨끗하다고 한 것을 네가 더럽다고 하지 마라!"

"하지만 지금까지 저 더러운 것들을 먹어본 적이 없습니다."

"내가 깨끗하다고 한 것을 네가 더럽다고 하지 마라!"

"하지만 저것은 더러운……."

"내가 깨끗하다고 한 것을 네가 더럽다고 하지 마라!"

그 목소리는 더 이상 들리지 않았어. 보자기는 다시 하늘로 휘리릭 올라갔지. 베드로는 궁금했어.

'도대체 이 환상은 무엇을 의미하는 걸까?'

하지만 도무지 무슨 뜻인지 알 도리가 없었어. 그때 누군가 똑똑똑 문을 두드렸어.

"가이사랴 마을에 사는 고넬료 백부장 님의 심부름으로 여기에 왔습니다. 고넬료 님께서 베드로 선생님을 뵙고 싶어 하십니다."

베드로는 심부름꾼을 집 안으로 불러 하룻밤을 묵게 했어. 이튿날 심부름꾼과 함께 가이사랴로 떠났지. 그리고 고넬료를 만나 환상 이야기를 들으니 자신이 보았던 환상의 의미가 번뜩 떠올랐던 거야.

"고넬료 님, 이제야 알겠어요. 역시 하나님은 자비로우세요."

"그게 무슨 말씀입니까?"

"하나님은 사람들이 금지한 짐승들을 저에게 먹으라고 하셨어요. 그것은 유대인뿐 아니라 고넬료 님과 같은 이방인 또한 구원하라는 뜻이지요. 유대인은 자신들만 구원받을 수 있다고 믿고 있지요. 게다가 유대인의 율법은 이방인과 사귀는 것을 금지하고 있어요. 하지만 하나님의 생각은 달랐던 거예요. 모두를 구원하고 싶으셨던 것이지요. 즉, 하나님을 믿는 사람은 누구든지 구원받을 수 있는 거예요."

고넬료의 마음에 벅찬 감동이 밀려왔지. 그리고 가족들을 불러 모았어. 베드로가 예수님의 이야기를 들려준다고 했거든.

"여러분, 예수님은 하나님의 아들입니다. 아주 거룩한 분이지요. 저는 철썩철썩 파도가 치는 바닷가에서 고기잡이를 하던 사람이었답니다. 고기를 잡다가 예수님을 만난 거예요. 하하하. 이러쿵저러쿵 재잘재잘 수다수다   ."

고넬료와 그의 가족들은 예수님의 이야기를 듣고 큰 감동을 받았어. 예수님의 이야기를 마친 베드로는 그들에게 세례를 주었지.

"내가 예수 그리스도의 이름으로 세례를 주노라."

고넬료는 세례를 받으면서 하나님의 깊은 사랑을 느꼈지. 그리고 더욱 더 자비로운 사람이 되겠다고 다짐했대. 그리고 어떻게 되었냐고?

세례를 받은 고넬료는 더욱 자신 있게 뚜벅뚜벅 걸어서 어느 집을 찾아갔어. 문을 똑똑똑 두드리고 이렇게 말했대.

"옷과 음식을 가져왔어요. 정성스럽게 준비했으니 기쁘게 받아 주세요."

"아이고, 그럼요 그럼요. 이렇게 고마울 데가 있나요. 정말 고마워요, 고넬료 님."

고넬료는 어깨를 활짝 펴고 당당하게 걸었어. 얼굴에는 웃음꽃이 한가득 피어 있었지. 사람들을 만나면 반갑게 인사도 건넸어. 고넬료는 하나님이 인정하신 자비롭고 선한 사람이잖아.

어, 고넬료가 또 다른 집의 문을 두드리네. 배가 고파서 문을 열 기운도 없어 보이는 할아버지가 나왔어.

"뉘신지요?"

"네, 할아버지! 저는 고넬료라고 합니다. 배가 많이 고프셨죠? 여기 빵을 좀 드세요. 우선 드시고 힘을 내세요. 제가 곧 또 찾아뵙겠습니다."

고넬료는 밝게 인사하고 돌아섰어. 다음 집을 향해서 말이야.

소중한 아가야,
밝게 인사하는 고넬료의 얼굴을 생각하면 웃음이 나지?
엄마, 아빠도 덩달아 웃음이 나.
어디선가 고넬료가 똑똑똑 문을 두드리며
밝게 웃고 있을 것만 같아서 말이야.

오늘의 기도

자비의 주님,
차별 없이 베푸시는 주의 기비를 기억합니다.

구분하지 않고 손 내미시는 당신의 사랑을 생각합니다.
세상을 살면서 편견이 쌓이기도 하고, 구별된 자라고 믿으면서
구분하는 잘못을 저지르기도 합니다.

우리에게 잘못된 마음이 소리 없이 쌓일 때,
우리가 주님의 말씀으로 인해 깨닫고
주님의 사랑으로 인해 다시 사랑하게 해주세요.

다음의 성경 말씀을 묵상합니다.
주의 신실하심을, 흠 없는 깨끗함을
보고 믿고 본받는 사람이기를 기도하고 간구합니다.

오늘도 예수님의 이름으로 기도드립니다. 아멘.

주님, 주님께서는, 신실한 사람에게는 주님의 신실하심으로 대하시고,

흠 없는 사람에게는 주님의 흠 없으심을 보이시며,

깨끗한 사람에게는 주님의 깨끗하심을 보이시며,

간교한 사람에게는 주님의 교묘하심을 보이십니다.

(사무엘하 22 : 26 - 27 새번역)

🍀 성경 말씀 따라 쓰기 🍀

여섯 번째 열매

양선
Goodness

양선은 보상의 기대 없이 능동적으로 베푸는 선이다.
하나님을 기쁘게 하는 성품이며,
양선을 행하는 사람은 성내거나 무례하게 행동하지 않고
상대방을 이해하며 함부로 비판하지 않는다.

사마리아 사람이
진정한 이웃이었대

사랑하는 아가야,

양선은 선한 마음뿐만 아니라 행동도 포함하는 말이야.

선한 마음을 행동으로 옮기는 일은 생각보다 힘들거든.

그런데 아무 보상도 바라지 않고

선한 행동을 한 사람이 있대. 누굴까, 궁금하지?

﨟﨟﨟﨟

　예수님께서 요단강을 건너 유대 지방으로 가셨을 때의 이야기야. 예수님이 계신 곳에 사람들이 하나둘 모여들기 시작했어. 사람들은 예수님의 이야기를 듣고 싶어 했거든.

　그런데 하루는 사람들이 모인 곳에 율법학자가 성큼성큼 걸어오는 거야. 율법학자가 누구냐고? 율법학자는 율법만 중요하게 생각하는 사람이야.

　"예수님, 누가 내 이웃입니까?"

　율법학자가 예수님께 물었어. 사람들은 예수님이 무슨 말씀을 하실지 궁금해서 귀를 쫑긋 세웠어. 예수님은 사랑스런 눈빛으로 사람들을 바라보며 이야기를 시작하셨어.

　"내가 이야기를 하나 들려주지. 옛날에 어떤 사람이 길을 가다가 강도를 만났다. 그는 돈도 다 빼앗기고, 매를 맞은 뒤 길에 버려졌지. 어찌나 몸이 욱신거리고 아픈지 너무 힘이 들었단다. 그때

한 제사장이 그 길을 지나가게 되었다."

사람들은 생각했어. 그 제사장이 강도를 만난 사람을 구해줬을 거라고. 제사장은 사람들을 대신해 하나님께 제사를 드리는 사람이거든. 하나님의 일을 하는 사람이니 얼마나 착한 마음을 가졌겠어? 분명히 제사장이 그 사람을 집으로 데려가 치료해주었을 거라고 사람들은 생각했지. 곧 예수님의 이야기가 이어졌어.

"상처투성이의 사람을 발견한 제사장은 그가 안쓰러웠어. 하지만 막상 데려가 치료를 해주려고 하니 귀찮은 마음이 들어서 못 본체하고 지나쳐 갔다."

어! 사람들이 놀라서 웅성거렸어. 그럴 리가 없다고 속닥속닥 이야기했지. '제사장은 양선을 행하는 사람인데……. 아니었나 봐.' 사람들은 제사장이 그냥 지나쳐 갔다는 말에 적잖이 실망했어. 예수님은 다시 말씀을 시작하셨지.

"잠시 후 레위 사람이 그 길을 지나갔다. 그도 불쌍한 사람을 발견했지."

사람들은 강도를 만난 사람이 드디어 도움을 받겠다고 생각했어. 레위 사람은 하나님을 섬기는 일에 특별히 선택된 민족이거든. 하나님을 잘 섬기는 사람이라면, 착한 마음과 행동을 잘 갖추고 있을 거라고 믿었지. 하지만 이번에도 예상이 빗나갔어.

"레위 사람은 이 불쌍한 사람을 보고 쯧쯧쯧 혀만 차고 그를 피해 갔다. 그 후 째깍째깍 시간이 또 지나갔다. 한참 후에 사마리아 사람이 그 길을 지나가게 되었지. 너희들은 사마리아 사람을 천하다고 상대도 하지 않지? 그런데 그 사마리아 사람은 그냥 지나가지 않았다. 사마리아 사람은 그 사람을 나귀에 태워 여관으로 데려가 보살펴주었다. 상처를 정성껏 치료해주었지."

이럴 수가! 사람들은 화들짝 놀랐어. 율법학자도 마찬가지였지. 예수님은 눈이 휘둥그레진 율법학자에게 질문하셨어.

성경 속 사마리아인은…

사마리아 성읍 및 사마리아 지역에 사는 이들을 가리킨다. 아브라함의 자손이긴 하지만 사마리아가 앗수르에 멸망한 후부터 이방인들이 들어오면서 혼혈족이 생겨났다. 유대인들은 사마리아인들을 혼혈이자 이교도이며 분파주의자에 불과하다고 업신여겼다. 그러나 신약 성경에서는 사마리아인들이 우호적으로 비춰진다. 예수님과 제자들이 복음을 선포할 때 이를 긍정적으로 받아들이는 이방인으로 묘사되고 있는 것이다. 또한 앞의 이야기에서 보았듯이 예수님의 이야기에 등장하기도 한다. '내 이웃은 누구인가?'라는 율법학자의 질문에 예수님은 선한 사마리아인의 예를 들면서 '가서, 너도 이와 같이 하라'고 말씀하신다. 이 이야기는 현재의 사람들에게도 깨달음과 감동을 주는 유명한 일화다.

"율법학자야, 내가 들려준 이야기에는 제사장과 레위 사람, 사마리아 사람 이렇게 세 사람이 나온다. 그럼 이들 중에 강도를 당한 사람의 이웃은 누구이냐?"

율법학자는 우물쭈물했어. 평소에 가난하다고 거들떠보지도 않던 사마리아 사람을 이웃이라고 대답해야 하니까 말이야. 예수님은 율법학자의 마음을 눈치채고 또 한번 물으셨지.

"내가 답을 주지 않았느냐? 네가 궁금해하던 이웃이 누구이냐?"

예수님과 사람들이 모두 율법학자를 쳐다보았어. 율법학자의 얼굴이 발그레해졌지.

"도움을 준 사마리아 사람입니다."

율법학자는 개미가 기어가는 소리처럼 작은 목소리로 말했어. 예수님께서는 허허허 웃으셨지. 곧이어 다정한 말투로 율법학자에게 당부하셨어.

"그래, 사마리아 사람이 진정한 이웃이다. 선한 마음으로 이웃에게 사랑을 실천한 사람이지. 율법학자야, 너도 네 이웃에게 사마리아 사람처럼 좋은 이웃이 되어라."

율법학자는 어쩔 수 없이 고개를 끄덕거렸대.

사람들은 예수님의 말씀에 큰 감동을 받았지. 사람들은 생각했어. 사마리아 사람처럼 좋은 이웃이 되어야겠다고 말이야.

소중한 아가야,

우리 아기도 좋은 이웃이 되어야겠다고 생각했니?

엄마 아빠는 생각했어.

우리 아기가 사마리아 사람처럼

선한 사람이 되기를 바라는 기도를 해야겠다고 말이야.

우리 같이 기도하자.

 오늘의 기도

양선의 하나님,
오늘도 아기와 좋은 이야기를
나눌 수 있어서 참 감사합니다.

오늘 이야기에 등장하는 사마리아 사람같은 마음을
우리 아기도 가지게 해주세요.
그보다 먼저, 선한 마음으로 살아내는
삶의 선배가 되게 해주세요.
우리의 발걸음이 아기에게 부끄럽지 않기를 바랍니다.

다음의 성경 말씀을 묵상합니다.
우리 마음에 선한 것을 잘 쌓고, 선함을 행하며,
그리스도의 마음을 닮아가기를 원합니다.

오늘도 예수님의 이름으로 기도드립니다. 아멘.

선한 사람은 그 마음 속에 갈무리해놓은
선 더미에서 선한 것을 내고,
악한 사람은 그 마음 속에 갈무리해놓은
악 더미에서 악한 것을 낸다.
마음에 가득 찬 것을 입으로 말하는 법이다.

(누가복음 6 : 45 새번역)

🍀 성경 말씀 따라 쓰기 🍀

어머나!
룻이 나오미를 따라갔대

사랑하는 아가야,

오늘은 착한 룻의 이야기를 들려줄게.

이 이야기를 들으면 룻의 선한 마음을 느낄 수 있을 거야.

좋은 마음은 금세 전달되는 법이거든.

ⵣ ⵣ ⵣ ⵣ

　나오미는 주섬주섬 옷을 챙겼어. 신발과 이불도 꺼냈지. 그리고 짐을 싸기 시작했어. 시간은 오래 걸리지 않았어. 가진 물건이 별로 없었거든. 짐을 다 싸고, 창밖을 내다보았지. 하늘나라로 떠난 두 아들 생각이 났어. 두 아들이 환하게 웃으며 뛰어오는 것만 같았지.

　그런데 그때 정말 누군가 뛰어오는 소리가 들렸어. 나오미는 소리가 나는 쪽을 돌아보았어. 아들이었냐고? 아니, 며느리 룻이었어. 룻이 문을 벌컥 열고 헐레벌떡 뛰어 들어온 거야.

　"어머니, 아무리 생각해도 안 되겠어요. 저도 어머니를 따라 베들레헴으로 가겠어요."

　나오미는 룻의 손을 꼭 잡고 말했어.

　"룻아, 고맙다. 정말 고마워. 하지만 마음만 고맙게 받으마. 너는 여기 모압에 있어야지. 나는 이제 아들이 없으니까 여기에 있을

이유가 없어. 나는 베들레헴이 고향이라 돌아가는 것이지만, 너는
여기가 고향이잖니. 네 남편도 없는데 나를 따라갈 필요는 없다."

룻은 고개를 숙였어. 나오미는 창밖을 바라보며 생각했지.

'말론이 살아 있다면 얼마나 좋을까? 그럼, 룻과 헤어지지 않아
도 될 텐데.'

나오미는 짐을 들고 벌떡 일어났어. 룻은 훌쩍훌쩍 눈물을 흘렸
지. 나오미는 룻의 볼에 입을 맞추고 작별 인사를 했어.

"룻아, 행복하게 살아야 한다. 부디 잘 있어라."

나오미는 걸음을 재촉했지. 룻이 자신의 뒷모습을 보면 더 슬퍼
할 것 같아서 말이야.

얼마나 걸었을까? 밝은 달이 얼굴을 쏙 내밀었어.

"어머니!"

룻의 목소리가 들렸어. 나오미는 생각했지.

'아휴, 나도 늙었구나. 룻의 목소리가 들리는 것 같으니 말이야.'

잠시 멈춰 섰던 나오미는 다시 걷기 시작했어. 그런데 또 룻의
목소리가 들리지 뭐야.

"어머니, 어머니!"

나오미는 이상하다고 생각하며 뒤를 돌아보았어. 어머나! 정말

룻이 서 있는 게 아니겠어? 나오미는 눈을 깜빡거렸어. 꿈인가 싶어서 볼을 꼬집기도 했지.

"아야! 정말 룻이냐?"

"네, 어머니! 아무래도 어머니 혼자 보내기는 마음이 편치 않아요. 어머니와 함께 가서 어머니를 모시고 살겠어요."

나오미는 더 이상 룻을 말릴 수 없었지. 룻을 와락 끌어안으며 말했어.

"고맙다, 얘야……. 정말 고마워."

"어머니, 어서 가요. 아직도 갈 길이 멀잖아요."

나오미는 룻의 착한 마음에 감동했지.

그렇게 함께 가기로 한 나오미와 룻은 부지런히 걸어갔어. 며칠 후에는 베들레헴에 도착했지. 이곳에서 나오미와 룻이 행복하게 살았냐고? 그랬다면 좋았겠지만, 아니. 나오미와 룻은 먹을 것이 없어서 늘 배가 고팠어. 룻은 자신보다 나오미를 더 걱정했지.

"어머니가 너무 배고프셔서 안 되겠어요. 이곳에선 뭘 먹고 살아야 하나요?"

"우리 고향에서는 가난한 사람들이 부자들의 밭에 가서 이삭을 주워도 된단다. 같이 가서 이삭을 줍자꾸나."

"아니에요. 어머니는 쉬고 계세요. 제가 나가서 주워오겠어요."

룻은 나오미를 생각하며 이삭을 열심히 주웠어. 룻은 보아스라는 사람의 밭에 가서 이삭을 주울 수 있었어. 큰 부자인 보아스는 마음씨 착한 룻이 가져갈 수 있도록 곡식을 남겨주곤 했지.

보아스가 룻을 어떻게 알았냐고? 룻의 착한 심성이 이미 마을에 소문이 나 있었거든. 사람들은 늘 룻을 칭찬했지.

"있잖아요. 그 모압에서 온 룻 말이에요. 늙은 시어머니를 어쩜 그렇게 잘 모신대요?"

"그러게요. 하나님도 열심히 믿고, 효성도 지극하고, 그렇게 착할 수가 없어요."

룻의 착한 마음을 칭찬하는 사람들이 점점 늘어났어. 그래서 보아스도 룻을 알게 되었던 거야. 룻을 칭찬하는 목소리는 점점 커져서 나중에는 하늘까지 닿았대. 천사들과 하나님도 들을 수 있었지. 하나님은 룻의 선한 마음을 보며 흐뭇해하셨지. 그리고 두 가지 복을 주셨어. 무슨 복이냐고? 첫 번째 복은 보아스야.

"룻! 나와 결혼해주세요!"

"어머, 부끄러워요."

하하, 보아스가 왜 복인지 알겠어? 그래, 룻과 보아스가 결혼하게 되었던 거야. 그리고 두 번째 복은 뭐냐고? 그건 나오미가 말해

줄 거야.

"아이고, 이 녀석 봐라. 엄마를 닮아 피부도 뽀얗고, 아빠를 닮아 씩씩하게 생겼네. 내가 친손자를 본 것처럼 기쁘구나."

나오미의 말을 듣고 룻이 호호호 웃으며 말했대.

"어머니가 오벳을 예쁘게 봐주시니까 그렇지요."

"아니다, 이렇게 예쁜 아기는 분명히 오벳뿐일 게다."

오벳이 누굴까? 바로 룻이 낳은 아기야. 하나님께서 건강한 아기를 두 번째 복으로 주신 거야. 룻은 하나님께서 주신 축복을 감사하며 행복하게 살았지.

성경 속 룻은…

사사 시대에 살았던 모압 여인이다. 유대인 엘리멜렉의 아들 말론과 결혼했다가 남편을 여의고 과부가 되었다. 그녀는 남편을 여읜 후 고향에서 살지 않고, 베들레헴으로 가는 시어머니 나오미를 좇았다. 이는 시어머니를 향한 효심이 깊었음을 보여준다. 룻은 원래 남편의 가장 가까운 친척과 결혼하도록 되어 있으나 그가 기업을 잇지 않겠다고 하여, 그를 대신해서 기업을 잇겠다고 한 보아스와 결혼하게 되었다. 룻은 나오미를 극진히 모셨기에 성경 속에서 효부로 명성이 높았으며, 예수 그리스도의 족보에 이름을 올린 여성이기도 하다.

나오미는 어떻게 되었냐고? 룻은 결혼을 하고도 나오미와 함께 살았대. 정말 복받을 만한 룻이지? 사람들은 룻이 부러웠지만, 샘을 내거나 질투하지는 않았대. 착한 룻에게 합당한 복이라고 생각했거든. 그렇게 룻과 나오미는 가족과 함께, 이웃과 함께 오래오래 행복했대.

소중한 아가야,

엄마 아빠도 지금 얼마나 감사한지 몰라.

하나님께서 우리 아가를 선물로 주셨잖아.

이렇게 큰 복을 주셨으니 어떻게 감사하지 않을 수 있겠어?

너는 그 무엇과도 바꿀 수 없는 가장 큰 축복이야.

 오늘의 기도

양선의 하나님,
오늘도 우리 가정을 위해 기도합니다.

우리가 선한 마음을 품는 것에 그치는 것이 아니라
이웃에게 선을 베푸는 삶을 살기를 원합니다.

세상 그 무엇과도 바꿀 수 없는 우리 아기를
저희에게 선물해주셔서 감사합니다.
우리 아기에게도 저희가 축복이기를 바랍니다.

다음의 성경 말씀을 묵상합니다.
우리에게 말의 지혜가 있게 하시고,
선한 말을 하며 살아가는 사람이 되게 해주세요.

오늘도 예수님의 이름으로 기도드립니다. 아멘.

마음이 지혜로운 사람은 말을 신중하게 하고,

하는 말에 설득력이 있다.

선한 말은 꿀송이 같아서, 마음을 즐겁게 하여주고,

쑤시는 뼈를 낫게 하여준다.

(잠언 16 : 23 − 24 새번역)

🍀 성경 말씀 따라 쓰기 🍀

빌립이 나다나엘의 손을
꼬옥 잡았어

사랑하는 아가야,

양선이 있는 사람은 말이야.

좋은 것을 꼭 나누려고 한단다.

그래서 자신이 얻은 기쁨을

나누고 싶은 마음이 간절하대.

이제부터 들려줄 이야기 속의 빌립처럼 말이야.

향긋한 꽃향기가 머무는 언덕이 있었어. 그 언덕에는 큰 무화과 나무가 있었지. 넓적한 나뭇잎들이 만들어낸 넓은 그늘은 사람들이 쉬어 가기에 참 좋았대. 어, 어떤 청년이 그늘 아래에 앉아 있네. 하지만 기쁘지 않은가 봐. 고개를 푹 숙이고, 시무룩한 표정을 짓고 있는 걸 보면 말이야.

'정말 예수님이 계실까? 예수님은 우리를 구원해주실 메시아라고 했잖아. 그런데 이렇게 우리나라가 힘들 때도 나타나지 않으신다면 메시아는 없는 거야.'

아, 이런 생각을 하고 있어서 밝은 표정이 아니었던 거구나. 이 시기에 청년이 사는 이스라엘은 로마의 지배를 받고 있었거든. 청년은 그 사실이 가슴 아팠던 거야.

"나다나엘, 나다나엘!"

누군가 청년을 부르며 달려왔어. 아, 이 청년 이름이 나다나엘인가 봐. 이제부터 이름을 불러주자. 나다나엘은 달려오는 사람을 보며 벌떡 일어났어. 무척 반가웠는지 나다나엘의 입꼬리가 살짝 올라갔지.

"빌립!"

아하, 나다나엘을 향해 헐레벌떡 달려오는 사람이 빌립이었구나. 빌립도 이름을 불러줘야겠지? 빌립은 나다나엘을 보고 대뜸 이렇게 말했대.

"내게 엄청난 일이 있었어. 모세가 율법책에 기록했고, 선지자들이 예언했던 메시아를 만났어. 그분은 나사렛 출신이고, 요셉의 아들인 예수야."

빌립의 목소리는 기쁨에 차 있었어. 친구인 나다나엘도 자신처럼 예수님을 만나면 좋겠다는 생각을 가지고 있었거든. 하지만 나다나엘은 시큰둥했어.

"나사렛에서 메시아가 나왔다니, 그걸 어떻게 믿을 수 있겠어?"

이렇게 대답했지. 예수님의 고향인 나사렛 마을은 그리 귀하게 생각되는 마을이 아니었거든. 빌립은 나다나엘의 반응에 풀이 죽었어. 하지만 빌립은 포기할 수 없었지. 예수님을 만나서 얻은 기쁨을 친구와 나누고 싶은 마음이 간절했거든. 빌립은 다정한 목소리로 말했어.

"내 사랑하는 친구 나다나엘, 나는 분명히 예수님을 만났어. 갈릴리 바닷가에서 말이야. 예수님은 자신을 따르라고 말씀하셨지. 나는 한눈에 그분이 메시아라는 걸 느낄 수 있었어. 그래서 그분을 따라갔고, 나는 그분의 제자가 되었어."

"혹시 꿈을 꾼 거 아니야?"

나다나엘은 여전히 믿을 수 없었어. 빌립은 나다나엘의 반응을 담담히 받아들였지. 빌립은 나다나엘의 눈을 보며 말했어.

"나다나엘, 네가 직접 경험하지 않은 일이니 믿을 수 없다는 게 당연해. 하지만 꿈은 아니야. 네가 예수님이 계시다는 사실을 믿을

성경 속 빌립은…

갈릴리 벳새다 출신으로 베다니 근처에서 '나를 따르라'는 예수님의 한마디에 바로 예수님을 좇았고, 그를 증거하는 삶을 살았다. 예수님과 만났을 당시에 대한 기록은 짧게 나와 있다. 그러나 나다나엘에게 전하는 내용으로 미루어 보면, 빌립은 자신이 만난 사람이 구약에서 예언한 메시아임을 정확히 설명하고 있다. 아마도 예수님의 인격에서 드러나는 영적 권위를 느꼈을 것이다. 나사렛에서 난 예수님에 대해 부정적인 견해를 보이는 나다나엘을 끝까지 설득한 대목에서 복음 증거에 대한 그의 열정을 엿볼 수 있다.

수 없다면 나를 한번 믿어주겠니? 예수님 말고, 네가 사랑하는 친구 빌립을 말이야."

빌립은 손을 내밀었어. 나다나엘은 잠시 망설이다가 손을 잡았어. 예수님이 있다는 사실을 믿은 건 아니었어. 친구의 진심을 무시할 수 없었던 것이지. 빌립은 나다나엘의 손을 꼬옥 잡았어. 그리고 예수님이 계신 곳을 향해 걸어갔지.

빌립의 발걸음은 가벼웠어. 친구 나다나엘이 예수님을 만날 생각을 하니 마음이 풍선처럼 부풀었지. 반면 나다나엘의 발걸음은 무서웠어. 빌립의 부푼 마음은 느낄 수 있었지만, 오히려 그 마음이 팡하고 터질까 봐 염려되었지.

철벅철벅 강을 건너고, 영차영차 언덕도 지났지. 드디어 빌립은 나다나엘과 함께 예수님 앞에 우뚝 섰어.

나다나엘은 빌립의 말이 사실인 것을 알 수 있었어. 예수님의 얼굴은 빛처럼 환했고, 그 미소에는 사랑이 가득 담겨 있었거든. 빌립이 했던 말이 생각났지.

"나는 한눈에 그분이 메시아라는 걸 알 수 있었어."

정말 그랬어. 예수님을 똑바로 쳐다볼 수가 없었지. 예수님은 그런 나다나엘이 귀여웠어.

"네가 무화과나무 아래 있을 때 보았노라."

예수님의 말씀을 듣고 나다나엘은 깜짝 놀라서 쿵하고 엉덩방
아를 찧었대. 예수님은 크게 웃으시며 말씀하셨지.

"하하하, 너무 놀라지 말거라. 이제 더 놀라운 사실을 말해줄 것
이다."

나다나엘은 눈이 휘둥그레졌어.

"무슨 말씀이세요?"

예수님은 여전히 웃으시며 말씀하셨어.

"하늘이 열리고 하나님의 사자들이 오르락내리락하는 것을 보
게 될 것이다."

나다나엘은 가슴이 뜨거워졌지. 뜨거운 불덩이를 품은 것 같은
마음으로 예수님을 보았어.

"당신은 하나님의 아들이며 이스라엘의 임금입니다."

예수님을 믿고 영접한 나다나엘의 진심 어린 고백이었지.

어때, 축 처져있던 나다나엘이 꽤 멋있어졌지? 계속 들어보면
나다나엘이 더욱 멋지게 느껴질 거야.

"예수님, 빌립과 함께 예수님의 제자가 되고 싶습니다."

어때? 나다나엘의 마음에 솟구쳤던 뜨거운 감동이 느껴지니?
참 멋있지? 예수님도 그렇게 느끼셨나 봐. 나다나엘을 꼬옥 안아

주셨거든. 그 모습을 보고 있던 빌립도 벅찬 감동을 느꼈어.

"나다나엘! 네가 예수님을 믿게 되어 너무 기뻐. 너와 함께 예수님의 제자가 되다니 이 행복을 어떻게 말로 표현할 수 있을까?"

"내가 더 고맙지. 빌립, 네가 아니었으면 나는 아직도 무화과나무 그늘 아래서 풀이 죽어 있었을 텐데. 정말 고마워."

빌립과 나다나엘은 서로를 보며 웃었어. 빌립은 예수님의 사랑을 친구와 나눌 수 있다는 사실이 무엇보다 감격스러웠대.

소중한 아가야,

우리 아기도 빌립 같은 친구를 만나면 좋겠다, 그렇지?

응? 네가 빌립과 같은 친구가 되겠다고?

우와, 너무 기특한 생각인걸. 역시 우리 아가는 최고야.

엄마, 아빠는 우리 아가가 친구들에게

빌립과 같은 친구가 되어줄 거라고 믿어.

꼭 그런 친구가 되게 해달라고 기도할게.

 오늘의 기도

양선의 하나님,
오늘은 관계의 축복에 대해 생각해보게 됩니다.

축복이 되는 관계만 맺기는 어렵겠지만,
그래도 우리 아기가 관계의 축복을 받는다면 참 좋겠습니다.
사람이 선물이고, 사람이 축복이면 좋겠습니다.
우리 아기가 축복과 선물이 되는 사람이 되었으면 좋겠습니다.

다음의 성경 말씀을 묵상합니다.
고난을 받게 되더라도 선을 행하는 마음을 잃지 않기를,
선을 행하다가 받는 고난이라면
기쁨으로 감당할 수 있기를 바라게 됩니다.

선한 행실이 비난받지 않는 세상이 되면 좋겠습니다.
오늘도 예수님의 이름으로 기도드립니다. 아멘.

그러나 온유함과 두려운 마음으로 답변하십시오.

선한 양심을 가지십시오.

그리하면 그리스도 안에서 행하는 여러분의 선한 행실을 욕하는 사람들이,

여러분을 헐뜯는 그 일로 부끄러움을 당하게 될 것입니다.

하나님께서 바라시는 뜻이라면, 선을 행하다가 고난을 받는 것이,

악을 행하다가 고난을 받는 것보다 낫습니다.

(베드로전서 3 : 16 - 17 새번역)

🍀 성경 말씀 따라 쓰기 🍀

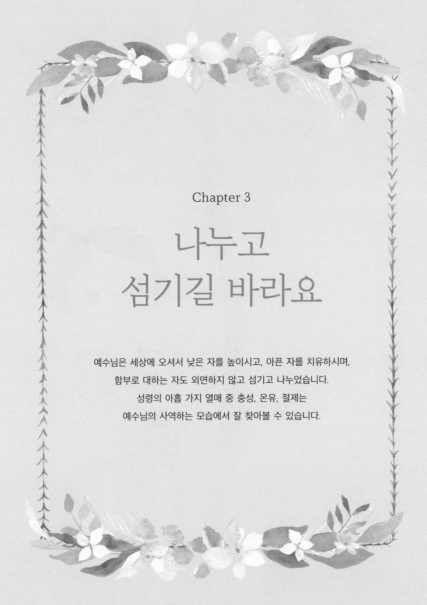

Chapter 3

나누고
섬기길 바라요

예수님은 세상에 오셔서 낮은 자를 높이시고, 아픈 자를 치유하시며,
함부로 대하는 자도 외면하지 않고 섬기고 나누었습니다.
성령의 아홉 가지 열매 중 충성, 온유, 절제는
예수님의 사역하는 모습에서 잘 찾아볼 수 있습니다.

일곱 번째 열매

충성

Faithfulness

충성은 하나님 앞에서 최선을 다하는 신앙의 자세로,
하나님을 믿는 신앙의 중요한 요소 중 하나이다.
매사에 근면하고 성실하며 적극적이고, 맡겨진 일에 최선을 다하며,
하나님을 존경하며 순종하는 마음을 말한다.

노아가 뚝딱뚝딱
배를 만들었어

사랑하는 아가야,
하나님을 마음 깊이 존경한 노아는
항상 하나님의 말씀에 순종했대.
산 위에서 배를 만든 것도 하나님의 말씀 때문이라는데,
무슨 이야기인지 한번 들어볼까?

"뚝딱뚝딱 탁탁탁탁 쓱싹쓱싹 쿵쾅쿵쾅……."

요란한 소리가 산속에 울려 퍼지고 있었어. 도대체 무슨 소리냐고? 노아가 배를 만들고 있는 소리야.

"이보게들, 노아의 머리가 어떻게 된 것 아닌가?"

"노아뿐만 아니라 가족 모두 이상하다니까."

사람들은 노아를 보며 빈정거렸어. 어떤 사람은 노아에게 가서 직접 묻기도 했지.

"노아, 이렇게 큰 배를 만드는 이유가 뭔가?"

"하나님께서 배를 만들라고 말씀하셨기 때문일세."

"하하, 자네는 참 재밌는 사람이군. 아무리 자네가 믿는 하나님이 시켰다고 해도 이건 너무 말이 안 되는 일이네. 산 위에서 배를 만들고 있다니. 그럼 자네가 믿는 하나님이 여기다가 집을 지으라면 그대로 할 텐가?"

"그렇다네."

그 사람은 어이가 없다는 듯이 입을 쩍 벌렸어. 그러나 노아는 아랑곳하지 않았어. 묵묵히 배를 만들었지.

배를 만들다보면 까무룩 졸음이 올 때도 있었지. 나무를 베다가 "아야" 하고 다친 적도 있었어. 하지만 노아는 한 번도 그만두고 싶다는 생각을 하지 않았대. 하나님이 말씀을 떠오리면 열심히 일할 수밖에 없었다는 거야. 도대체 하나님께서 뭐라고 말씀하셨는지 들어볼까?

"노아야, 나는 세상을 깨끗하게 할 생각이다. 너는 지금부터 배를 만들어라."

하지만 노아는 하나님의 말씀을 잘 이해할 수 없었지. '하나님께서는 배를 만들어 어떻게 쓰시려는 걸까?'라고 생각했어.

하나님은 고개를 갸우뚱하는 노아에게 배 만드는 법을 말씀해주셨어.

"노아야, 배는 잣나무로 만들어야 한다. 삼 층으로 만들되 칸을 막아 방을 만들고, 물이 새어들지 않도록 역청을 발라라. 위는 빛이나 공기가 들어올 수 있도록 창을 만들어라."

노아는 여전히 이해할 수 없었지만, 하나님 뜻에 따르기로 했어.

노아는 하나님께 충성을 다하는 사람이었거든.

다시 하나님께서 말씀하셨어.

"비가 내리면 너와 네 가족은 방주에 타거라. 또 세상의 모든 짐승들도 암수 한 쌍씩 골라 방주에 태우고, 그 가운데 특히 깨끗한 짐승은 암수 일곱 쌍, 더러운 것은 암수 두 쌍, 새는 암수 일곱 쌍을 태워라. 이는 홍수가 끝난 뒤에도 그 종족이 땅 위에서 사라지지 않고 널리 퍼져 살아가도록 하기 위한 것이다."

"예, 하나님의 말씀대로 따르겠습니다."

성경 속 노아는…

하나님과 함께 동행했으며 흠이 없는 의인이었다. 하지만 노아가 살았던 시대는 창세기 홍수 이전의 사악한 시대였다. 노아는 사람들에게 의를 전했지만, 사람들은 그의 말을 듣지 않았다. 이에 하나님은 노아가 480세 때 인간을 땅에서 멸망시키겠다고 알려주셨고, 노아는 그 후 백 이십 년간 방주를 지었다. 홍수가 일어나자 하나님이 말씀하셨던 것처럼 노아와 아내, 그의 세 아들 그리고 며느리들 외에는 모든 사람이 멸망했다. 하나님은 홍수 후 무지개로 노아에게 언약을 세우셨다. 노아의 충성하는 믿음은 그의 가족을 홍수에서 구했을 뿐 아니라 그의 세대에 믿음의 증거가 된 것이다.

노아는 가족을 이끌고 산으로 성큼성큼 올라갔어. 그리고 하나님의 말씀대로 뚝딱뚝딱 배를 만들기 시작했어.

도대체 하나님은 왜 그러신 걸까? 하나님께 한번 물어볼까? 그래, 그러자.

"하나님! 왜 노아에게 배를 만들라고 하셨어요?"

"나는 홍수로 죄악이 넘치는 세상을 심판하려고 했지. 하지만 의로운 노아와 그의 가족을 벌할 수 없었다. 그래서 노아에게 배를 만들라고 한 게야. 세상이 물에 잠겨도 배는 둥둥 뜰 테니까 말이다."

아하, 그러셨구나. 이제 알겠지? 그런데 노아는 배를 완성할 수 있었을까?

당연하지! 오랜 시간이 걸렸지만, 마침내 배가 만들어졌대. 으리으리한 집처럼 생긴 커다란 배였지. 노아는 먼저 가족이 먹을 양식과 짐승들의 먹이를 넉넉히 마련해 배에 실었어.

"아버지, 짐승들이 몰려와요!"

노아의 큰아들 셈이 소리쳤어. 산 아래를 내려다본 노아는 입이 쩍 벌어졌지. 정말 갖가지 짐승과 새들이 몰려오고 있었거든. 노아는 배의 문을 활짝 열어서 짐승들을 맞이했어. 그리고 아내와 세

아들, 며느리들을 데리고 배에 올라탔지.

"어서들 타라! 하나님께서 말씀하신 약속의 날이 다가오고 있는 것 같구나."

얼마 후, 하늘에서 쏴아쏴아 비가 쏟아졌어. 비는 쉬지 않고 내렸지. 마치 하늘에 수천 개의 구멍이 난 것처럼 말이야. 하나님의 말씀대로 모든 것이 물에 잠겼지. 산꼭대기에 있던 노아의 배만이 물 위로 둥둥 떠올랐어. 비는 사십 일 동안 퍼붓고 나서야 그쳤어. 노아의 배는 정말 오랫동안 물에 떠 있었지.

"이제 바람을 일으켜서 물이 빠지게 해야겠구나."

하나님은 쌩쌩 바람을 일으키셨어. 그러자 배가 산꼭대기에 닿아 멈추었지. 노아는 창밖을 내다보았어. 아들 셈이 물었지.

"아버지, 이제 나가도 되는 거예요?"

"아직 아니다. 비는 멈추었지만, 밖에는 아직 물이 가득하구나."

노아는 출렁거리는 물을 보며 기도했어. 땅을 밟을 수 있는 날이 어서 오게 해 달라고 말이야.

그로부터 오랜 시간이 흘렀지. 홍수가 난 지 꼭 일 년 십 일 만에 하나님께서 노아에게 말씀하셨어.

“이제 배에서 나오너라.”

마침내 노아는 배의 문을 스르륵 열었지.

“야호! 땅이야!”

“야아! 이제 나갈 수 있는 거야!”

노아의 아들들은 신이 나서 외쳤지.

“어머, 푸르른 나무가 보여요!”

노아의 아내도 신이 났어. 노아는 기뻐하는 가족들을 보며 너털웃음을 지었지.

“하하하, 그것 보세요. 하나님께서 이런 날을 곧 주실 거라고 했잖아요.”

노아가 웃자, 매에매에 짹짹짹짹 이히히잉 배 안에 있던 짐승들도 따라서 웃는 것만 같았지. 밖에 나와 기뻐하던 짐승들도 제각기 살 곳을 찾아 뿔뿔이 흩어졌어.

노아는 땅을 밟으며 먼저 하나님께 감사했어. 깨끗한 짐승을 잡아 제사를 지냈지. 하나님은 노아의 충성스런 마음을 기쁘게 받으셨대. 그리고 큰 선물을 주셨대.

도대체 무슨 선물일까? 멋진 옷일까? 아니면, 반짝반짝 빛나는 보석일까?

“노아야, 이 무지개는 내가 너에게 주는 약속의 표시다. 이제 다시는 물로써 세상을 벌주지 않겠다고 약속하마."

아, 하나님의 선물은 일곱 빛깔 찬란한 무지개였네.

"하나님, 감사합니다."

노아는 하나님의 약속을 믿었어. 그리고 생각했대. '내가 하늘로 떠나는 그날까지 하나님께 충성하며 살겠어'라고 말이야.

소중한 아가야,
엄마랑 아빠가 이 이야기를 읽고 우리 아가한테
선물을 하나 준비했는데, 무슨 선물일까?

엄마 아빠의 선물은 바로
빨주노초파남보 무지개보다 더 찬란한 사랑이야.
하하, 우리 아기한테 눈이 부시도록 찬란한 사랑을 선물할게.

 오늘의 기도

신실하신 하나님,
하나님의 섭리를 기내하면서노
하나님의 타이밍을 기다리지 못하는 저희를 발견하곤 합니다.
하나님의 뜻을 다 알 수 없다는 걸 알면서도
뜻을 몰라서 행하지 않는다는 억지를 부릴 때도 많지요.

반성하고 회개합니다.
하늘의 뜻을 오해하지 않고 믿으며
하나님의 타이밍과 섭리를 신뢰하며 걸어가겠습니다.

다음의 성경 말씀을 묵상합니다.
하나님의 신실하심을 닮아가는 우리이기를 바라며,
오늘도 함께 해주심에 감사드립니다.

예수님의 이름으로 기도드립니다. 아멘.

사람은 이와 같이 우리를, 그리스도의 일꾼이요,

하나님의 비밀을 맡은 관리인으로 보아야 합니다.

이런 경우에 관리인에게 요구하는 것은 신실성입니다.

(고린도전서 4 : 1 - 2 새번역)

🍀 성경 말씀 따라 쓰기 🍀

여호수아가 여리고 성을
빙빙 돌았어

사랑하는 아가야,
순종은 충성스런 자의 기초가 되는 성품이야.
충성스런 사람은 하나님의 말씀이라면
불가능할 것 같은 일도 순종하며 따르지.
바로, 여호수아처럼 말이야.

여호수아가 갈팡질팡하고 있었지.

"아니, 왜 안 오지. 올 때가 지났는데 말이야."

누구를 기다리는 걸까? 그때 저 멀리서 여호수아를 부르는 소리가 들렸어.

"여호수아 님! 여호수아 님!"

두 청년이 정신없이 뛰어오고 있지 뭐야. 그들은 헐레벌떡 뛰어와 여호수아 앞에 섰어.

"여호수아 님, 그 땅은 하나님께서 우리에게 주신 것이 맞습니다. 그곳 사람들은 하나님께서 우리에게 그 땅을 주신 것을 알고 땅을 빼앗길까 봐 두려워하고 있습니다. 그래서 성문도 굳게 닫아 버린 것입니다."

아, 여호수아가 기다리고 있던 건 정탐꾼이었어. 여리고 성을 통과해야만 하나님께서 약속하신 땅 가나안으로 들어갈 수 있는데,

여리고 성이 굳게 닫혀 있었지 뭐야. 그래서 여호수아는 정탐꾼을 먼저 보냈던 거야. 정탐꾼의 말을 듣고 여호수아는 간절히 기도했어.

"하나님! 하나님께서 약속하신 땅으로 나아가겠습니다. 하지만 그곳에는 어마어마하게 큰 성이 있습니다. 저는 그 성을 어떻게 무너뜨리고 나아가야 한기 모릅니다. 하나님, 저에게 지혜를 허락해주세요."

여호와의 기도를 들은 하나님께서는 성을 무너뜨릴 방법을 알려주셨지.

"하루에 한 번씩 여리고 성을 돌아라. 그렇게 육 일 동안 돌고, 칠 일째에는 여리고 성을 일곱 바퀴 돌아라. 그리고 제사장이 나팔을 불 때 모든 백성은 크게 외쳐라."

"하나님 말씀대로 하겠습니다."

여호수아는 곧바로 순종했어. 이스라엘 백성들을 불러놓고 말했지.

"우리는 여리고 성 주위를 돌 것입니다. 내가 외치라고 할 때까지는 누구도 말을 해서는 안 됩니다."

"네! 알겠습니다. 여호수아 님의 말씀을 따르겠어요."

이스라엘 사람들은 여호수아를 따라 하루, 이틀, 사흘, 나흘, 닷

새, 엿새 동안 하루에 한 번씩 여리고 성 주위를 돌았어. 이스라엘 사람들은 생각했지.

'아휴, 다리 아파. 하지만 하나님께서 분명히 도와주실 거야.'

'힘들지만 조금만 참자. 가나안에 가면 행복할 수 있을 거야.'

물론 여호수아도 힘이 들기는 마찬가지였지. 앞장서서 사람들을 이끌고 있으니 더 힘들 수밖에. 하지만 주저앉지 않았대. 힘이 들 때마다 하늘을 올려다보며 속으로 기도했지.

'여호와 하나님, 하나님께서 베풀어주실 기적을 믿습니다.'

성경 속 여호수아는…

본명은 호세아고, 후에 '여호와는 구원이시다'라는 뜻의 여호수아로 불렸다. 에브라임 지파 '눈'의 아들이다. 모세가 이스라엘 백성을 가나안으로 이끌던 시기에 백성들은 애굽으로 돌아갈 것을 강력히 주장했다. 그때 갈렙과 함께 가나안 땅을 정탐하고 돌아온 여호수아는 하나님을 향한 굳건한 믿음을 보이며 순종할 것을 당부했다. 백성들로부터 위협을 받을 수 있는 상황에서도 믿음을 굽히지 않은 것이다. 또한 그는 모세를 가까이서 보좌하며 시내 산에 올라갈 때 동행하기도 하였으며, 모세가 죽은 후 뒤를 이어 이스라엘 백성을 가나안으로 이끄는 지도자가 된다. 앞의 이야기에서도 알 수 있듯이 하나님의 말씀에 순종하여 충성하는 주님의 일꾼이었다.

마침내 일곱째 날이 되었어. 여호수아는 깊은 잠을 이룰 수 없었지. 하나님께서 여리고 성을 무너뜨리겠다고 약속하신 날이잖아. 여호수아는 아침이 되기도 전에 눈을 번쩍 떴어.

"하나님, 오늘 저와 이스라엘 백성들은 성을 일곱 번 돌 것입니다. 하루에 한 번도 힘이 들었는데, 일곱 번을 돌면 백성들이 많이 지칠 것입니다. 지치지 않게 해주시옵소서. 새 힘을 주시옵소서. 약속의 땅에 들어갈 수 있다는 희망을 주시옵소서."

기도를 마친 여호수아는 이스라엘 백성들을 흔들어 깨웠어. 백성들이 부스스 일어났지. 여호수아와 이스라엘 백성들은 마음속으로 '파이팅!'을 외쳤어. 그리고 여리고 성 앞으로 씩씩하게 나아갔지.

여호수아가 먼저 발걸음을 옮겼어. 이스라엘 백성들이 그의 뒤를 따랐고. 정말 일곱 번은 무척 힘이 들었대. 빙빙 돌고 있으니 어지럽기도 했어. 머리 위에서 새가 빙빙 돌고 있는 것 같았지. 하지만 희망이 있기 때문에 힘을 냈어. 철퍼덕 넘어져도 다시 일어났지. 걷고, 걷고, 또 걸었지.

한 바퀴, 두 바퀴, 세 바퀴, 네 바퀴, 다섯 바퀴, 여섯 바퀴, 일곱 바퀴. 드디어 일곱 바퀴를 다 돌았어. 여호수아가 큰 소리로 외쳤지.

"제사장들은 나팔을 불고, 다른 사람들은 모두 여리고 성을 향

해 함성을 지르세요!"

제사장들은 뺨빠라밤 나팔을 불었어. 사람들은 일제히 '와아아' 하고 함성을 질렀지. 그러자 여리고 성이 와르르 무너졌어. 백성들의 입에서 기쁨의 함성이 터져 나왔지.

"와! 여리고 성이 무너졌다!"

"야호! 우리가 승리했어요!"

"우와! 하나님께서 약속을 지키셨어요!"

　여호수아의 얼굴에는 눈물이 주르륵 흘렀어. 기쁨의 눈물이었
지. 여호수아는 백성들에게 말했어.

　"여러분! 우리 하나님께 감사의 기도를 드립시다."

　여호수아와 백성들은 모두 무릎 꿇고 기도를 드렸어.

　"하나님, 감사합니다. 정말 감사합니다. 이 놀라운 은혜를 잊지
않겠습니다. 약속의 땅에서 하나님께 충성하며 살겠습니다."

　드디어 여호수아와 이스라엘 백성들이 가나안으로 들어갈 수
있게 된 거야. 그리고 눈앞에서 와르르 무너지던 여리고 성을 평

생토록 잊지 않으며 은혜롭게 살았대.

물론 여호수아는 하나님께 충성하며 살았지. 여호수아는 알고 있었거든. 자신이 받은 복은 충성된 자에게 내리신 하나님의 선물이라는 것을.

소중한 아가야,
여호수아처럼 하나님의 선물을 받고 싶지?
우리 아가는 아마 많이 받을 수 있을 거야.
배 속에서부터 이렇게 좋은 성품들을
엄마 아빠와 함께 익히고 있으니 말이야.

 오늘의 기도

신실하신 하나님,
우리 아기가 하나님의 선물을 많이 받기를 원하지만,
그보다 먼저 알게 하소서.
주 안에서 살고 있다면 웃음과 기쁨도 선물이지만
고난과 눈물도 선물이라는 것을.

주의 마음을 닮아
함께 울고 함께 웃는 축복을 받게 하시고,
사람들을 위로하고 더불어 사는 사람이 되게 해주세요.

다음의 성경 말씀을 묵상합니다.
하나님께 흐뭇함을 선물할 수 있는 자녀이기를 바랍니다.
우리 아기를 보며 흐뭇하게 웃으시는 주님을 그려보며,
오늘도 예수님의 이름으로 기도드립니다. 아멘.

믿음직한 심부름꾼은 그를 보낸 주인에게는
무더운 추수 때의 시원한 냉수와 같아서,
그 주인의 마음을 시원하게 해준다.

(잠언 25 : 13 새번역)

🍀 성경 말씀 따라 쓰기 🍀

요나가 털썩
무릎을 꿇었대

사랑하는 아가야,
성경에는 처음부터 충성된 마음을 가진 사람이 많단다.
하나님은 그런 사람을 칭찬해주셨지.
하지만 하나님을 몰랐다가
충성된 자로 거듭난 사람을 더 칭찬해주셨어.
좋은 성품으로 거듭난다는 건 매우 어려운 일이거든.

부웅부웅! 뱃고동이 울렸어. 다시스로 가는 배가 출발한다는 소리였어. 배에는 많은 사람들이 타고 있었지.

"헉헉, 저도 같이 갑시다!"

헐레벌떡 뛰어온 요나가 막 출발하는 배에 서둘러 올라탔지. 그 모습을 보고 배에 타고 있던 누군가가 말했어.

"허허, 조금만 더 늦었으면 배를 타지 못했을 거요."

"그러게요. 천만다행이에요."

요나는 가쁜 숨을 몰아쉬며 대꾸했지. 그런데 조금 더 가다 보니 다행인 것 같지 않았대. 배가 갑자기 기우뚱거리지 뭐야. 쌩쌩 바람이 불고, 씽씽 폭풍이 몰아쳤지. 금방이라도 배가 뒤집힐 것만 같았어.

"잔잔하던 바다에 갑자기 웬 폭풍이지?"

"그러게요. 누가 하나님을 화나게 한 것 같아요."

배 안의 사람들은 웅성거렸어. 그때 누군가 제안을 했지.

"그렇다면, 우리 제비뽑기를 해서 그자가 누구인지 알아봅시다."

"그래요. 좋은 생각입니다."

배 안의 사람들이 제비뽑기를 하자고 마음을 모았어. 뭐, 별다른 수가 없잖아. 사람들은 두근거리는 마음으로 제비를 뽑았지. 그리고 각자 제비를 확인하는 순간! 사람들은 '휴!' 하고 안도의 한숨을 내쉬었지. 하지만 한 사람은 가슴이 철렁 내려앉았어. 그게 누구냐고? 바로 요나야.

사실, 요나는 배에 올라타기 전에 하나님을 만났어. 하나님께서 요나 앞에 나타나셨거든.

"요나야, 앗수르의 수도 니느웨로 가서 외쳐라! 니느웨의 사람들이 죄를 많이 지었기 때문에 니느웨는 곧 멸망할 것이라고 알려주어라."

하나님께서는 요나에게 명령을 하고 사라지셨지. 요나는 고개를 갸우뚱하며 생각했어.

'흥! 왜 하나님은 이런 명령을 내리셨을까? 앗수르는 우리 이스라엘을 매우 괴롭힌 나라인데 말이야. 내가 가서 하나님이 심판하실 거라고 알려주면 그들이 분명 회개할 거야. 그럼 그들은 벌을 받지 않겠지. 그럼 안 되지. 그들은 멸망해야 해. 그들이 벌을 받도록 가만 놔두는 게 좋겠어.'

요나는 이렇게 하나님의 명령을 거역하고 니느웨로 가지 않았어. 니느웨로 가는 방향과 전혀 다른 다시스로 가는 배를 타고 말았던 거야. 요나는 충성스런 사람이 아니었거든.

제비를 뽑고 나서야 자신의 잘못을 깨달은 요나는 배 안의 사람들에게 고백했어.

"모두가 저의 잘못 때문입니다. 제가 하나님 말씀을 어기고 도망쳤어요. 저를 바다로 던져주십시오. 그럼 폭풍이 그칠 것입니다."

사람들은 할 수 없이 요나를 바다에 풍덩 빠뜨렸어. 성난 파도는 거짓말처럼 잠잠해졌지. 배 안의 사람들은 살아계신 하나님을 느낄 수 있었어. 물론 바닷속에 있던 요나도 그랬지.

그런데 요나는 어떻게 되었을까? 바닷물에 꼬르륵 잠겼냐고? 어푸어푸 헤엄쳐서 나왔냐고? 아니, 커다란 물고기가 요나를 꿀꺽 삼켜 버렸대. 그 물고기 배 속에서 삼 일 밤낮을 지냈지. 요나는 하나님의 명령을 어기고 도망쳤던 자신의 행동을 몹시 후회했어. 그래서 털썩 무릎을 꿇고 기도했지.

"여호와 하나님, 저의 어리석음을 용서하시고 자비를 베풀어주세요. 하나님의 명령을 어겼던 것을 후회하고 있습니다. 앞으로는 하나님의 말씀에 충성하며 살게요."

하나님께서 기도를 들어주셨을까? 그럼, 그렇고 말고. 말썽만 피우는 사람들을 구름 기둥으로 인도해주셨던 자비로운 하나님이시잖아. 하나님은 요나의 기도를 들어주셨어.

커다란 물고기가 요나를 땅 위에 퉤하고 뱉어냈지. 요나는 하나님께 깊이 감사하며 꾸벅꾸벅 인사했어. 그리고 하나님의 명령대로 니느웨 성으로 헐레벌떡 달려가서 외쳤대.

"여러분! 제 말을 들으세요! 하나님께서 이 성이 곧 멸망한다고 하셨습니다. 어서 회개하고 하나님께로 돌아오십시오."

요나는 이렇게 열심히 하나님의 말씀을 전했지. 니느웨 사람들은 요나의 말에 귀를 기울였어. 서로 앞다퉈 회개했지.

"하나님, 잘못했습니다. 용서해주세요."

"하나님의 백성들을 괴롭히지 않겠습니다. 그동안의 잘못을 용서하세요."

하나님께서는 진심으로 회개하는 그들의 마음을 살피셨어. 재앙을 내리지 않으셨던 거야.

그런데 요나는 기쁘지 않았어. 하나님이 니느웨를 멸망시키기를 바랐잖아. 하나님의 명령에 어쩔 수 없이 따랐지만 아직 좋은 성품으로 거듭나진 않았던 거야.

성경 속 요나는…

구약 성경 '요나서'의 주인공이다. 요나서에서 요나는 하나님의 명령을 거역한 벌로 바다에 던져진다. 물고기 배 속에서 삼 일을 보낸 요나는 회개의 기도를 드리고 구원받는다. 이후 하나님의 명령을 따라 니느웨 사람들에게 하나님의 말씀을 전하지만 다시 불순종하여 하나님을 근심케 한다. 그러나 이를 안타깝게 여기신 하나님은 요나에게 세 가지 질문을 하시고, 답변을 통해 요나가 회개하고 순종하도록 하셨다. 요나의 모습을 통해 모든 주권이 하나님께 있다는 것과 이웃을 향한 사랑, 하나님의 자비하심을 배울 수 있다.

"에이, 왜 하나님은 저들을 용서해주신 거야?"

요나는 투덜거리며 박 넝쿨 아래에 앉았어. 박 넝쿨은 쨍쨍 내리쬐는 햇볕을 막아 그늘을 만들어주었지.

"우와, 시원하다. 이제 좀 기분이 나아지네."

요나는 그늘에서 편히 쉴 수 있었어.

그리고 하루가 지났지. 이제 요나가 투덜거리지 않았냐고? 그랬으면 얼마나 좋아? 하지만 요나의 마음은 아직 어제에 머물러 있나 봐. 여전히 니느웨 사람들을 보며 심술을 냈거든. 요나는 금세 또 투덜거렸어.

"에이, 꼴 보기 싫어. 어제 갔던 박 넝쿨에나 가서 쉬어야겠다."

요나는 박 넝쿨을 향해 터벅터벅 걸어갔지. 아뿔싸! 박 넝쿨이 하루 사이에 시들어 없어졌지 뭐야. 요나는 하나님을 원망했어.

"하나님, 어제는 박 넝쿨로 뜨거운 햇빛을 막아주시더니 오늘은 왜 그 잎을 거두어 가시는 겁니까? 이 무더운 날씨에 저는 어디서 쉬라고 그러셨나요?"

하나님은 한숨을 내쉬었어. 물고기 배 속에서 나와 '감사합니다!'를 연거푸 외치던 요나였잖아. 충성스런 자로 변했다고 생각할 만큼 하나님의 말씀을 열심히 전했잖아. 그런데 요나는 아직 충성된 자가 아니었어. 충성스런 자는 이렇게 불평을 늘어놓지는 않거

든. 하나님께서 쩌렁쩌렁한 목소리로 말씀하셨지.

"요나야! 네가 수고하여 키우지도 않은 박 넝쿨 한 포기가 없어
진 것이 그리 아까워 불평하느냐? 그런 네가 왜 니느웨 사람들이
벌을 받기를 바라느냐? 박 넝쿨을 안타까워하는 사람이 왜 니느웨
사람들에 대한 안타까움은 없느냐?"

요나는 하나님의 말씀을 듣고 나서야 깨달았지. 물고기 배 속에
서 하나님께 무릎 꿇었던 때가 떠올랐어. 그때를 잊고 불평하고 있
는 자신이 부끄러워졌지.

"하나님, 제가 어리석었어요. 용서해주세요."

요나는 다시 하나님 앞에 무릎을 꿇었지. 하나님은 빙그레 미소를 지으셨어. 하나님이 바라신 대로 이루어졌거든. 뭐가 이루어졌냐고? 하나님께서 요나에게 깨달음을 주시려고 박 넝쿨을 일부러 시들게 하셨던 거야. 하나님의 예상대로 깨닫고 회개하는 요나의 모습을 보니 웃음이 나실 수밖에. 하나님은 무릎 꿇은 요나를 보며 말씀하셨어.

"알았다. 이제는 그렇게 어리석은 행동을 하지 말거라."

"네! 정말 하나님의 말씀을 잘 듣겠습니다."

그 다음에 요나가 또 투덜거렸냐고? 아니야. 정말 충성된 자가 되었대. 하나님을 사랑하며, 순종하는 사람으로 바뀐 거야.

하나님께서는 요나의 머리를 쓰다듬으며 많이많이 칭찬해주셨어. 투덜거리던 요나가 웃으면서 감사하는 사람으로 변했으니 얼마나 기쁘셨을까? 하늘만큼 땅만큼 기쁘셨을 거야.

소중한 아가야,

우리 아기도 엄마랑 아빠가 많이많이 청찬해줄게.

그 전에 엄마랑 아빠가 먼저 기쁨으로 감사하는 삶을 살 거야.

엄마랑 아빠도 하나님께 청찬을 받고 싶어서 말이야.

아마 하나님은 지금도 엄마, 아빠를 청찬하고 계실걸. 왜냐고?

우리 아기가 엄마 배 속에서 잘 자라고 있는 것을

많이 많이 감사하고 있거든.

 ## 오늘의 기도

신실하신 하나님,
오늘도 이야기를 통해 당신의 사랑을 깨닫습니다.
투덜대는 요나의 모습을 통해 우리의 모습을 봅니다.
반성하고 회개합니다.

감사는 영원하지 않고, 기쁨은 한결같지 않으나
영원한 하나님의 사랑에 감사하며
한결같이 기뻐하고 싶습니다.

다음의 성경 말씀을 묵상합니다.
지극히 작은 일에도 충실한 사람이기 위해,
작은 일과 큰일을 구분하지 않는 성실한 사람이기 위해,
말씀을 묵상하고 기도하며 행동하는 사람으로 살겠습니다.

오늘도 예수님의 이름으로 기도드립니다. 아멘.

지극히 작은 일에 충실한 사람은 큰 일에도 충실하고,
지극히 작은 일에 불의한 사람은 큰 일에도 불의하다.
(누가복음 16 : 10 새번역)

 성경 말씀 따라 쓰기

여덟 번째 열매

온유
Gentleness

온유는 하나님의 뜻을 받아들이기 어려운 상황일지라도
마음에 불편함 없이 수용하는 마음이다.
온유한 사람은, 솜털과 같이 온화하며 인자하며 겸손하고,
상대방을 포근하고 부드러운 마음으로 감싸 안는다.

예수님의 마음은
잔잔한 호수 같았지

사랑하는 아가야,
성경 속에서 가장 온유한 사람은 예수님이래.
예수님은 누구나 놀랄 만한 일에도
요동치 않고 잔잔한 호수처럼
온유한 모습을 보이셨거든.

❆❆❆❆❆

갈릴리 호수에 배가 한 척 떠 있었어. 그 배에는 예수님과 제자들이 타고 있었지. 예수님께서는 갈릴리 호수 건너편에 있는 가버나움으로 가시는 중이었거든. 그런데 웬일인지 제자들이 깜짝 놀란 표정이었어. 눈이 휘둥그레진 제자들이 서로를 보며 웅성거리고 있었지. 무슨 일이 있었을까?

아, 자세히 보니, 요나의 이야기 속에서 나왔던 사건과 비슷한 일이 일어난 것 같아. 요나가 배에 탔을 때, 갑자기 쌩쌩 바람이 불고 씽씽 폭풍이 몰아쳤잖아. 그때처럼 거센 바람과 높은 파도가 배를 철썩철썩 때렸던 거야. 배는 마구 흔들렸고, 제자들은 우왕좌왕 어찌할 바를 몰랐지. 예수님은 어땠냐고? 글쎄, 쿨쿨 주무시고 계셨다지 뭐야.

폭풍이 점점 거세지자, 제자들은 서둘러 예수님을 깨웠지.

"예수님! 어서 일어나세요. 폭풍이 배를 덮칠 것 같아요!"

예수님은 눈을 뜨시고 호수를 바라보셨어. 그러고는 호수를 향하여 차분하게 가라앉은 목소리로 말씀하셨어.

"바람아, 파도야, 잠잠해져라."

그러자 거짓말처럼 폭풍이 멎었어. 호수도 잠잠해졌고. 제자들은 갑자기 폭풍이 밀려왔던 것보다 더 놀랐지. 배는 다시 잔잔한 호수 위로 나아갔어. 제자들은 호수를 보면서 생각했대. 호수가 마치 예수님의 마음 같다고 말이야.

배는 곧 가버나움에 도착했어. 많은 사람들이 예수님을 기다리고 있었지. 예수님께서 배에서 내리시자, 제자들은 또 한 번 놀랐대. 어떤 사람이 앞으로 나와 대뜸 절을 했다지 뭐야.

"예수님, 저는 야이로입니다. 제 딸이 많이 아파서 예수님을 찾아왔습니다. 제발 저희 집에 가셔서 제 딸을 낫게 해주세요."

예수님은 온화한 표정으로 말씀하셨어.

"그래, 나와 함께 가자꾸나."

예수님은 야이로와 함께 걸음을 옮기셨어. 정말 온유한 분이지? 그 온화하며 인자한 마음은 누가 흉내 낼 수도 없을 정도였다니까. 제자들과 사람들은 예수님의 마음에 감동하며 예수님의 뒤를 따랐어. 그때 누군가 예수님의 옷자락을 만졌어. 깊은 병이 든 여인이었어. 그 여인은 예수님의 옷자락을 잡고 마음속으로 빌었지.

'예수님, 제발 제 병을 낫게 해주세요.'

그런데 또 놀랄 일이 일어났어. 여인의 병이 곧 말끔히 나았지 뭐야. 여인은 예수님께 엎드려 절한 다음 말했어.

"예수님, 제가 예수님의 옷을 만졌더니 병이 나았어요."

"여인아, 네 믿음이 너를 구원한 것이다. 이제는 집에 돌아가 편히 쉬어라."

여인은 활짝 웃으며 집으로 돌아갔어. 얼마나 신이 났을까?

그 때 어디선가 엉엉 울음소리가 들렸대. 누구의 울음소리냐고? 딸을 고쳐달라던 야이로였어. 야이로가 바닥에 주저앉아 엉엉 울었고 있었지. 왜냐고? 야이로의 이웃이 뛰어와 이렇게 말했거든.

"야이로, 이제 예수님께서 오셔도 소용없어요. 당신의 딸은 조금 전에 하늘나라로 떠났습니다."

야이로는 그 여인이 원망스러웠어. 예수님이 조금만 더 빨리 가셨더라면 딸이 살 수 있었을지도 모르잖아.

"야이로야, 슬퍼하지 말거라. 오직 나를 믿으면 네 딸이 구원을 받을 것이다."

예수님께서 조용한 목소리로 말씀하시며 야이로를 일으키셨어. 야이로는 눈물을 뚝 그치고 예수님을 따랐어.

예수님께서 드디어 야이로의 집에 도착하셨어. 아이의 방으로 들어가셨지. 누워 있는 아이의 손을 지긋이 잡으시고는 말씀하셨어.

"얘야, 일어나라."

어머나! 이게 어떻게 된 일이야? 글쎄, 아이가 예수님의 손을 잡고 벌떡 일어났지 뭐야,

"아빠!"

"그래, 예쁜 내 딸아!"

야이로는 딸을 부둥켜안았어. 그리고 예수님께 넙죽넙죽 절을 열 번도 넘게 했지. 예수님도 기뻐하는 야이로를 보며 행복하셨대.

예수님 이야기가 참 재미있지? 여기서 끝이냐고? 아니, 한 가지 이야기를 더 들려줄게.

며칠 후, 예수님께서는 벳새다 마을로 가셨어. 그곳에도 예수님을 만나려는 많은 사람들이 있었지. 예수님은 믿음으로 다가오는 병자들을 말끔하게 고쳐주셨어. 어느덧 하늘에 달이 쑤욱 얼굴을 내밀자, 제자들이 예수님께 말했어.

"예수님, 사람들에게 식사와 잠자리를 마련하도록 해야겠어요. 여기는 빈 들판이라서 먹을 것이 없습니다."

"너희가 그들에게 먹을 것을 주어라."

"예수님, 저희가 무슨 수로 저 많은 사람들에게 음식을 줍니까?"

"지금 너희에게 음식이 얼마나 있느냐?"

"한 꼬마 녀석이 가지고 온 음식이 전부입니다. 고작 보리떡 다섯 개와 물고기 두 마리뿐입니다."

"그럼, 사람들을 쉰 명씩 짝지어 앉게 해라."

제자들은 영문을 몰랐지만, 예수님이 시키는 대로 했어. 예수님께서는 두 손을 모아 기도하셨지.

"하나님, 이곳 사람들이 모두 나눠 먹을 수 있도록 도와주세요."

예수님은 하나님의 뜻을 믿고 순종하는 분이셨어. 믿고 구하면 꼭 이루어질 것이라는 믿음을 가지고 계셨지. 기도를 마치신 예수님께서는 떡과 물고기를 떼어 제자들에게 나누어 주셨대.

"이것들을 사람들에게 떼어주거라."

제자들은 예수님의 말씀대로 했지. 그런데 정말 신기한 일이 벌어졌지 뭐야. 떡과 물고기를 떼고 또 떼어도 줄어들지 않는 거야. 모여 있던 사람들은 모두 떡과 물고기를 배불리 먹었지. 게다가 사람들을 다 먹이고도 열두 광주리나 남았대. 사람들은 예수님의 놀라운 능력이 마냥 신기하기만 했어.

"어떻게 이런 일이 일어날 수 있는 거요?"

"그러게 말이에요. 이분이 바로 우리가 기다려왔던 선지자인 것 같아요."

"네, 정말 위대하고 위대하신 분이에요. 이 분을 이스라엘의 왕으로 삼아야겠어요."

사람들은 예수님을 찬양했어. 하지만 예수님은 조용히 산으로 올라가셨어. 그리고 간절히 기도하셨지.

"하나님, 사람들이 나누어 먹도록 많은 음식을 허락하여주시니 진심으로 감사합니다. 이 세상에는 불쌍한 사람들이 참 많습니다.

성경 속 예수님은…

살아 계신 하나님의 아들이시다. 예수라는 이름은 '하나님은 구원해주신다'라는 뜻이고, 메시아라는 뜻의 존칭인 그리스도를 붙여 '예수 그리스도'라 부른다. 신이지만 인간의 몸으로 이 땅에 오셨고, 십자가에 매달려 죽은 지 사흘 만에 부활하셨다. 예수 그리스도는 기독교 신앙의 핵심이며 성부 하나님, 성령님과 더불어 삼위일체를 이루며 그중에서 두 번째시다. 예수님의 생애와 행적은 마태복음, 마가복음, 누가복음, 요한복음의 사복음서를 비롯한 신약 성경에서 자세히 다루어지고 있다. 예수님은 철저히 하나님께 순종하셨고, 하나님만을 의지했으므로 늘 온유함을 유지한 분이셨다.

그들을 구원할 수 있도록 도와주세요. 또 죄지은 사람들이 회개하
고 하나님의 자녀가 될 수 있도록 거두어주세요."

예수님은 겸손한 마음으로 기도했지. 하나님은 예수님의 기도
를 들으며 무척 기쁘셨을 거야. 항상 온유한 마음을 잃지 않는 아
들이 대견하니까 말이야.

소중한 아가야,
엄마랑 아빠도 네가 무척 대견해.
배속에서 무럭무럭 잘 자라줘서 무척 기뻐.

우리 아기가 찾아와주었고
우리 아기에게 이야기를 들려줄 수 있으니까 말이야.
우리는 네 덕분에 아주 많이 행복해.

오늘의 기도

온유하신 하나님,
언세나 닝신의 뜻이 무엇인지 알기 위해 노력하며,
당신의 뜻이라면 마음의 불편함 없이
수용할 수 있는 우리가 되고 싶습니다.

서로를 감싸안고 보듬으며
온유한 마음으로 하나가 되는 우리가 되고 싶습니다.
온유함으로만 살 수는 없겠지만
온유하기를 노력하며 살겠습니다.

다음의 성경 말씀을 묵상합니다.
예수님의 온유와 겸손을 배워
마음의 쉼을 느끼고 누리는 우리가 되고 싶습니다.

오늘도 예수님의 이름으로 기도드립니다. 아멘.

수고하며 무거운 짐을 진 사람은 모두 내게로 오너라.

내가 너희를 쉬게 하겠다.

나는 마음이 온유하고 겸손하니, 내 멍에를 메고 나한테 배워라.

그리하면 너희는 마음에 쉼을 얻을 것이다.

내 멍에는 편하고, 내 짐은 가볍다.

(마태복음 11 : 28 – 30 새번역)

🌼 성경 말씀 따라 쓰기 🌼

모세가 미리암을
미워했을까?

사랑하는 아가야,

오늘 들려줄 이야기는 모세에 대한 이야기야.

모세는 온유한 사람이었어.

자신을 비난하고 괴롭힌 사람을 용서하고 사랑했거든.

온유한 사람은 상대방을 헐뜯기보다 오히려

자신을 낮추고 용서하는 마음을 가지고 있단다.

모세는 백성들의 사랑을 받는 지도자였어.

"모세 님은 정말 지혜로운 분이야."

"성품은 또 얼마나 온유하시다고."

백성들은 모세를 칭찬하며 따랐지. 하지만 모세의 누나인 미리암은 모세가 마음에 들지 않았어. 그래서 자신의 동생이자 모세의 형인 아론을 불러 투덜거렸지.

"흥! 모세만 저렇게 사랑을 받다니 말도 안 되잖아."

"맞아요. 그렇긴 해요."

"하나님께서 모세하고만 말씀하셨어? 분명히 우리와도 말씀하셨으면서 어떻게 모세만 높이 세우시는 거야?"

미리암은 하나님께 사랑받는 모세에게 질투를 느꼈던 거야. 아무리 질투가 나도 그렇지 자신의 형제를 헐뜯으면 안 되잖아. 글쎄, 하나님도 같은 생각이셨나 봐.

"미리암아, 아론아! 이리로 오지 못하겠느냐!"

하나님은 단단히 화가 나셨지. 미리암과 아론은 벌벌 떨며 나아갔어. 하나님께서는 모세의 편을 들어주셨지.

"나의 종 모세는 내게 충성하는 자다. 나는 그에게 환상을 통해 내 뜻을 알리기도 하고, 꿈으로 그와 이야기하기도 한다. 얼굴을 마주하고 말하기도 하지. 내가 그를 얼마나 수중히 여기는지 너희가 알지 못하느냐? 어찌 너희가 그를 비방하느냐?"

하나님께서는 미리암과 아론에게 벌을 주셨어. 미리암은 병을 얻게 됐지. 아론도 미리암을 보는 순간, 같은 병에 걸리게 되었어. 그 모습을 본 모세는 안타까웠어. 어머니의 말씀이 생각났지. '네 누나 미리암 덕분에 널 내 손으로 키울 수 있었단다'라고 항상 말씀하셨거든. 모세는 어머니가 해준 이야기를 기억하고 있었어.

그게 무슨 이야기냐하면, 모세가 태어날 적 이야기야.

애굽의 왕 바로가 명령을 내렸지.

"이스라엘 사람의 집에서 아들이 태어나면 모두 강물에 던져라!"

바로 왕은 이스라엘의 힘이 점점 강해지는 것을 두려워했거든. 이스라엘 사람들을 노예로 부리고 있는데, 그들의 힘이 세지면 곤란하잖아. 그래서 이스라엘의 후손이 늘어나는 것을 막으려고 했던 거야. 그래도 그렇지, 갓 태어난 아기를 강물에 던지는 것은 너무하잖아. 하지만 이스라엘 사람들은 어쩔 수 없이 그 명령을 따라야 했어.

그때 모세의 집에서 응애응애 울음소리가 났어. 아주 건강하고 잘생긴 아기 모세가 태어난 거야. 그러나 모세의 어머니는 모세의 똘망똘망한 눈을 보며 뚝뚝 눈물만 흘렸대.

"아기야, 너와 함께 살고 싶은 마음이 간절하구나. 이렇게 예쁜 너를 어떻게 떠나보낸단 말이냐."

모세의 어머니는 도저히 모세를 떠나보낼 수 없었어. 그래서 몰

성경 속 모세는…

이스라엘의 종교적 지도자이자 민족의 영웅이다. 호렙산에서 민족을 해방시키라는 음성을 듣고 애굽으로 돌아갔다. 그리고 파라오와 싸워 이겨서 이스라엘 민족의 해방을 이루어냈다. 모세는 시내 산에서 십계명을 받았으며, 약속의 땅인 가나안으로 들어가기 위해, 이스라엘 백성들의 지도자가 되어 사십여 년 간 광야를 유랑했다. 그러나 가나안 땅으로 들어가지는 못했다. 성경은 등장 인물 중 온유함이 가장 많았던 사람을 모세라고 말하고 있다. 여기서의 온유는 자신을 비방하는 소리에 대항하지 않고 묵묵히 참아내며 하나님의 뜻을 기다렸다는 의미이다.

래몰래 모세를 키웠지. 하지만 석 달이 지나자, 더 이상 숨길 수 없었어. 바로의 병사들이 지나가다가 모세의 울음소리라도 들으면 큰일이었지. 모세의 울음소리는 참으로 우렁찼거든. 모세의 어머니는 할 수 없이 갈대를 꺾어 바구니를 만들었어. 바구니 안에는 물이 스며들지 못하도록 역청과 나무의 진을 발랐지. 그리고 모세를 바구니 안에 살포시 넣어 강물에 띄웠어.

얼마 후, 바로의 딸인 애굽의 공주가 하녀와 함께 목욕을 하러 강으로 왔어.

"응애, 응애."

모세는 떠내려가면서도 힘차게 울었지. 그 소리를 공주가 듣게 된 거야.

"이게 무슨 소리지?"

공주가 물었어.

"공주님, 저기 갈대숲에 바구니가 보여요."

하녀가 바구니 곁으로 슬금슬금 다가갔고, 모세를 발견했지. 화들짝 놀란 하녀는 모세를 품에 안았어.

"어머나, 공주님! 웬 아기가 있어요."

하녀는 아기를 안고 공주 곁으로 왔어. 공주는 아기를 받아 안았지. 아기는 더욱 우렁차게 응애응애 울었어.

"이스라엘 사람의 아기인가 봐. 불쌍해서 그냥 놓고 가지는 못하겠어. 내가 궁전으로 데려가서 키울래."

그런데 이 광경을 숨어서 지켜보던 한 소녀가 있었어. 바로 모세의 누나 미리암이었지. 공주의 말을 엿들은 미리암은 공주 앞으로 나아가 말했어.

"공주님, 아기를 키우시려면 유모가 필요합니다. 제가 유모를 구해드릴까요?"

"그래, 마땅한 사람이 있거든 데려오도록 해라."

"그럼요. 있고 말고요. 당장 데려오겠습니다."

미리암은 서둘러 집으로 뛰어갔어. 자신의 어머니에게 있었던 일을 다 이야기했지. 이러쿵저러쿵 쑥덕쑥덕. 어머니는 설레는 마음으로 미리암을 따라갔어. 미리암은 공주가 있는 곳으로 어머니를 안내했어. 공주가 말했지.

"이 아기를 데려가 젖을 뗄 때까지만 키워 주세요."

어머니는 하늘을 날아가는 기분이었지. 모세를 다시 품에 안을 수 있다니 말이야. 모세를 안고 어찌나 눈물이 나던지 눈물을 삼키느라고 애를 썼대. 어머니는 모세를 안고 집으로 돌아갔지. 그렇게 모세는 어머니의 사랑 속에서 무럭무럭 자랄 수 있었어.

모세의 어머니는 모세에게 그 이야기를 들려주곤 했어. 미리암의 지혜가 없었다면 어머니와 모세는 잠시도 함께할 수 없었을 거라고 말이야. 모세는 어머니의 말씀을 생각하면 미리암을 미워할 수 없었어. 모세는 무릎을 꿇고 기도했어.

"하나님! 제가 원합니다. 저의 누나의 병을 고쳐주세요."

"모세야, 너의 마음은 안다. 하지만 미리암의 아버지가 미리암의 얼굴에 침을 뱉었다면 미리암이 적어도 칠 일 동안은 부끄러워하지 않겠느냐? 그러니 미리암을 너희의 진 밖에 칠 일 동안 가두어라. 그리고 그 후에 다시 들어오게 하는 것은 허락하겠다."

"네, 하나님 뜻에 따르겠습니다."

모세는 하나님의 말씀에 순종했어. 미리암에게 가서 말했지.

"누나! 아론은 죄를 회개하고 용서를 빌었어. 누나도 그렇게 해 줄 순 없을까? 누나가 나를 미워하는 마음은 이해해. 하지만 누나는 나를 사랑했잖아. 엄마 품에서 자라도록 지혜를 발휘해준 사람이 바로 누나잖아. 그 마음을 조금만 회복해주면 안 될까? 나는 누나를 너무 사랑하는데, 누나도 날 좀 사랑해줘."

정말 다행이었어. 모세의 진심은 미리암의 굳게 닫힌 마음 문을 조금 열 수 있었거든.

그제야 미리암은 모세에게 미안한 마음이 들어서 고개를 푹 숙

없어. 모세의 눈을 쳐다보지 못했지. 모세는 하나님의 명령을 전달했고, 미리암은 순순히 그 뜻에 따랐어.

진 밖에서 칠 일을 무사히 보내고 온 미리암은 모세에게 말했지.

"모세야, 내가 너무 미안했어. 나를 용서해줘."

"누나! 나는 누나가 다시 돌아와서 매우 기쁠 뿐이야."

모세와 미리암의 눈에서 반짝반짝 빛이 났어. 사랑의 빛 말이야.

소중한 아가야,
사랑의 빛이 어떤 빛인지 궁금하다고?
조금만 기다리면 보여줄게.

우리 아기를 만나는 날 엄마랑 아빠의 눈에서
사랑의 빛이 보일 테니까 말이야.

오늘의 기도

온유하신 하나님,
살면서 미움을 갖지 않기란 참 힘든 일인 것 같아요.
때는 사랑보나 미움이 앞설 때도 있겠지요.
하지만 미움 후에는 용서와 긍휼의 마음을
품을 수 있는 우리이기를 원합니다.

때론 서로가 이해되지 않고 미워도
사랑의 추억들을 떠올리며,
인정하고 수용할 수 있게 해주세요.
실수를 잘못으로 착각하지 않게 하시고
잘못은 잘못으로 인정하되 반복하지 않게 해주세요.

다음의 성경 말씀을 묵상합니다.
온유한 사람이 되어 복을 받는 것도 중요하겠지만,
온유함을 갖는 것 자체가 복임을 잊지 않게 해주세요.

오늘도 예수님의 이름으로 기도드립니다. 아멘.

마음이 가난한 사람은 복이 있다. 하늘나라가 그들의 것이다.

슬퍼하는 사람은 복이 있다. 하나님이 그들을 위로하실 것이다.

온유한 사람은 복이 있다. 그들이 땅을 차지할 것이다.

(마태복음 5 : 3 – 5 새번역)

🍀 성경 말씀 따라 쓰기 🍀

마음 착한 에스더가
왕비가 되었대

사랑하는 아가야,
에스더의 온유함은 정말 대단한 것이었대.
침착하게 위험에 대처해서 자신뿐만 아니라
자신의 민족을 구했거든.
우리 함께 에스더를 만나러 가보자.

❀❀❀❀

먼저, 바사 왕국을 구경해볼까? 어라, 웬일인지 나라 안의 예쁜 처녀들이 우르르 몰려오네. 모두 얼굴이 예뻐. 옷에서도 반짝반짝 빛이 나. 가장 예쁜 옷을 꺼내 입었나 봐. 처녀들은 왕궁에 모여 호호호 웃으며 톡톡톡 화장을 했어.

그런데 한 처녀는 이상하게도 화장을 하지 않았고, 행색도 초라해. 그저 다소곳이 앉아있을 뿐이야. 어, 누군가 그 처녀에게 다가가네. 그 처녀에게 귀엣말로 속닥속닥 이야기를 하고 있어. 무슨 이야기인지 궁금하다고? 그럼, 우리 함께 이야기를 들어볼까?

"에스더야, 아하수에로 왕에게 잘 보여야 한다. 왕비를 뽑는 자리라는 걸 명심하거라."

"네, 모르드개 오빠. 말씀 잘 알겠어요."

아하, 그 처녀는 에스더였어. 그리고 귀엣말을 한 사람은 왕궁의 문을 지키는 모르드개야. 그들은 모두 유다 사람으로, 유다 왕국이 바벨론에게 망한 뒤 포로로 끌려온 사람의 후손이지. 일찍이 부모를 잃고 슬픔에 잠겨있는 에스더를 거두어준 사람이 사촌 오빠인 모르드개였던 거야.

에스더는 얼굴도 예쁘지만 마음씨도 착한 처녀였어. 자신을 키워 준 모르드개에게 감사하며 그의 말을 잘 따랐지. 이날도 모르드개의 말에 따라 왕비를 뽑는 자리에 나왔던 거야.

아름답게 치장한 처녀들이 한 명씩 왕 앞에서 선보였어. 마침내 에스더도 왕 앞으로 나아갔지. 에스더가 고개를 슬며시 들자, 왕은 첫눈에 반했대. 왕은 에스더의 머리에 왕관을 씌워주었지.

"에스더, 당신을 왕비로 뽑겠어요."

에스더와 모르드개는 말할 수 없이 기뻤어.

어느 날이었어. 모르드개가 왕궁의 문을 지키고 있는데 누군가의 목소리가 들렸어. 모르드개는 우연히 그 말을 엿들었지.

"왕이 마음에 안 들어. 음모를 꾸며야겠어."

"그래, 나도 함께할게."

그들은 왕을 가까이에서 모시는 내시 두 명이었어. 모르드개는 이 사실을 에스더에게 가서 알렸지. 에스더는 아하수에로 왕에게 가서 말했어.

"내시 빅단과 데레스가 음모를 꾸미고 있대요. 문을 지키는 모르드개가 알려주었답니다."

이 말을 들은 아하수에로 왕은 신하에게 그들을 벌하라고 명령했어. 그리고 신하는 이 사실을 궁중 일기에 깨알같이 적어놓았지.

에스더는 왕궁에서 행복한 나날을 보냈어. 왕궁 사람들도 솜털처럼 부드러운 에스더를 좋아했지. 모르드개는 에스더와 함께할 수 있는 왕궁 생활이 좋았어. 하만이 나타나기 전까지 말이야.

하만은 왕에게 높은 벼슬을 받은 사람인데, 매일 잘난 척하며 으스대는 사람이었어. 사람들이 자신에게 절하는 모습이 즐거워서 매일 절을 받고 싶어 했지. 사람들은 어쩔 수 없이 하만에게 절을 했어. 하지만 모르드개는 절을 하지 않았지. 모르드개는 오직 하나님께만 절하는 사람이었거든. 모르드개가 절을 하지 않자, 하만은 머리끝까지 화가 났어. 하만은 모르드개가 유다 사람인 것을 알고 왕에게 가서 말했지.

"왕이시여, 유다 사람들은 왕께서 정하신 법을 지키지 않습니다. 그들을 가만두시면 안 됩니다."

"오, 내가 몰랐던 사실입니다. 하만의 생각대로 하세요."

아이고, 아하수에로 왕은 하만이 나쁜 사람이라는 걸 몰랐지 뭐
야. 어쩌지? 하만은 콧노래를 흥얼거리며 편지를 썼어. 각 지방을
다스리는 총독들에게 쓰는 편지였어.

오는 12월 13일에 모든 유다 사람을 죽이고,
그들의 재산을 빼앗아라.

✉ 아하수에로 왕 보냄

어이쿠, 이를 어째. 이 소식을 들은 유다 사람들은 술렁거렸어.
모르드개는 얼른 에스더에게 달려갔지.

"에스더, 우리 유다 사람들이 위험해. 네가 왕을 만나 우리를 구
해 달라고 말씀드려야 해."

모르드개는 그 동안의 일을 에스더에게 이러쿵저러쿵 이야기했
어. 에스더는 놀랐지만 침착했어. 화를 내는 것보다 더 좋은 방법
이 있다고 생각했지. 에스더는 한참을 우두커니 앉아 있다가 일어
났어. 무슨 생각을 한 걸까? 왕에게로 사뿐사뿐 다가가서 말했지.

"제가 잔치를 마련하고 싶습니다. 내일 하만과 함께 제가 마련
한 잔치에 와주실래요?"

"하하, 그럼요. 당연히 그래야지요."

왕은 웃으며 하만에게 이 소식을 전했어. 하만도 기분이 좋았지. 집으로 돌아가면서도 기뻤어. 문을 지키는 모르드개를 보기 전까지 말이야.

하만은 모르드개에게로 다가가 비아냥거리며 말했어.

"모르드개, 나에게 절을 해보지 그래?"

모르드개는 아무 말도 하지 않고 뻣뻣하게 서 있었어. 하만은 화가 치밀었지. 그래서 밤이 새도록 나무를 찾아 헤맸어. 왜 그랬냐고? 모르드개를 매달 큰 나무를 찾는 거였지. 하만은 곧 엄청나게 큰 나무를 찾고는 환호성을 터뜨렸어.

그 시간, 아하수에로 왕도 잠을 이루지 못했어. 에스더가 열어줄 잔치를 생각하면 가슴이 콩닥콩닥 뛰어서 잠이 오지 않았대. 신하를 불러서 명령했지.

"내가 잠이 오지 않는다. 지금까지 써놓았던 일기를 가져와 읽어보아라."

신하는 냉큼 일기를 가져와 읽기 시작했지. 왕은 눈을 지그시 감고 일기를 듣다가 눈을 번쩍 뜨고 말았대. 왜냐고? 글쎄, 깜박 잊었던 사실을 일기에서 발견했거든. 바로 모르드개가 자신의 위험을 알려주었던 사실이었지. 왕은 비로소 모르드개에게 상을 내리지 않았다는 것을 깨달았어. 아침이 밝자 하만을 불렀지.

"하만, 상을 주고 싶은 사람이 있는데 어떻게 하면 좋겠나?"

"먼저 그 사람에게 왕의 옷을 입히고 왕관을 씌우십시오. 임금님의 말에 태우고, 궁중의 높은 사람이 모시게 한 뒤 성 안을 돌게 하십시오."

"그대는 역시 지혜로운 신하일세."

하만은 속으로 기뻐하며 생각했대.

'하하, 나에게 상을 내리시려나 보군. 왜 이제야 상을 내리시는 거야? 나는 이미 상을 열 개쯤 받아도 마땅한데 말이야.'

성경 속 에스더는…

에스더는 바사 왕국의 왕비 와스디가 폐위된 후 왕의 은총을 받아 왕비가 되었다. 그러던 중 고아가 된 그녀를 딸처럼 키웠던 모르드개가 하만에게 미움을 샀고, 때문에 모르드개는 물론이고 유다 민족까지도 해를 입을 상황에 처했다. 이때 에스더는 삼 일을 금식하며 하나님의 도움을 구했다. 지혜로운 에스더는 왕에게 하만의 계략을 알렸고, 유다 민족을 구할 수 있었다. 에스더는 하나님을 전적으로 의지했기 때문에 하만의 계략을 알고도 침착하게 대응할 수 있었다. 바로 이것이 에스더가 가진 온유함이었다.

하지만 하만의 이런 야무진 꿈은 금세 산산조각 났어. 왕이 명령을 내렸거든.

"그대는 곧 모르드개를 불러 그대가 말한 대로 행하세요."

에구머니나, 이게 웬 날벼락이야. 호호호, 엄마랑 아빠는 엄청 고소해. 하만에게는 마른하늘에 날벼락이었지만 말이야. 하지만 하만이라고 별 수 있겠어? 왕의 명령인걸. 하만은 왕의 옷을 입고 왕관을 쓴 모르드개를 말에 태운 뒤, 성 안을 빙빙 돌았어. 하만의 얼굴은 붉으락푸르락했지만 곧 괜찮아졌지.

'하하, 말이나 신나게 타라고 하지 뭐. 조금 있으면 십자가에 매달릴 녀석이니 이 정도 호의야 베풀 수 있지 않겠어.'

이렇게 생각했거든. 정말 하만의 생각대로 되었을까?

왕은 하만과 함께 잔치에 참석했어. 에스더가 정성껏 준비한 잔치를 보니 행복한 마음이 들었지. 맛있게 음식을 먹고, 무용수들의 공연도 감상했지. 왕은 에스더에게 말했어.

"에스더 왕비, 내가 그대의 소원을 들어주고 싶어요."

"왕이시여, 어떤 소원이라도 괜찮으신가요?"

"하하, 물론이오. 그대의 소원이라면 나라의 절반이라도 줄 수 있어요."

"왕이시여, 저와 제 민족의 목숨을 빼앗으려는 사람이 있습니다.

부디 저희들을 살려주십시오."

에스더는 차분한 목소리로 말했지만, 왕은 흥분할 수밖에 없었어. 자신이 사랑하는 왕비를 해치려는 자가 있다니 놀랄 수밖에.

"아니, 도대체 그자가 누구요?"

"여기 있는 하만입니다."

왕은 하만을 째려 보며 소리쳤이.

"하만! 그게 사실인가?"

하만은 벌벌 떨며 대답했어.

"아, 아니, 저는…… 왕비님이 유다 사람인 줄 몰랐습니다. 제발 용서해주십시오. 다시는 이런 실수를 저지르지 않겠습니다."

하만은 털썩 무릎을 꿇고 싹싹 빌었지. 하지만 이미 너무 늦었어. 왕은 단단히 화가 났거든. 왕은 멀리 보이는 나무를 가리키며 소리쳤어.

"저 나무에 하만을 매달아라!"

결국 하만은 나무에 매달리고 말았지. 글쎄, 그 나무는 하만이 모르드개를 매달려고 준비했던 그 나무였다지 뭐야. 에스더는 하만이 안타까웠지. 하지만 에스더로서는 어쩔 수 없는 선택이었어. 유다 민족을 구해야했잖아.

에스더는 왕에게 감사를 표했어.

"정말 감사합니다. 이 은혜를 잊지 않을게요."

"무슨 말이요. 내가 왕비를 돕는 건 당연한 일이지요."

"그렇게 생각해주시면 감사해요. 그리고 제 사촌 오빠를 소개해 드리고 싶어요."

에스더는 모르드개를 가리키며 말했어.

"허허, 모르드개가 왕비의 사촌 오빠란 말이에요? 왜 진작 말하지 않았지요? 그럼 더 좋은 자리에서 일하게 해주었을 텐데. 지금이라도 늦지 않았다면 내가 높은 자리를 주겠어요."

에스더와 모르드개는 왕에게 감사 인사를 드렸어. 그리고 그 이후로도 왕궁에서 행복하게 살 수 있었대.

소중한 아가야,
온유한 마음은 참 중요한 거야, 그렇지?
무조건 화를 냈다면 좋은 결과를 얻지 못했을 테니까 말이야.
우리 아기가 온유한 마음을 갖길 기도할게.

오늘의 기도

온유하신 하나님,
예상치 못한 일이 생겼을 때
침착하고 온유하게 해결하기란 참 어려운 것 같아요.

매번 이번에는 꼭 잘 해내야지, 하고 다짐을 해도
어느새 당황하고 있는 자신을 발견하곤 합니다.

우리 아기가 태어나고 자라며
돌발상황이 생기기도 할 겁니다.
그럴 때마다 당신이 함께하심을 떠올리며,
온유하고 침착하게 방법을 찾고 행하게 해주세요.

다음의 성경 말씀을 묵상합니다.
온유하고 겸손하며, 평화를 초대하고 누리며
무탈히 살아갈 수 있게 하옵소서.

오늘도 예수님의 이름으로 기도드립니다. 아멘.

겸손한 사람들이 오히려 땅을 차지할 것이며,

그들이 크게 기뻐하면서 평화를 누릴 것이다.

악인이 의인을 모해하며, 그를 보고 이를 갈지라도,

주님은 오히려 악인을 비웃으실 것이니,

악인의 끝날이 다가옴을 이미 아시기 때문이다.

(시편 37 : 11 – 13 새번역)

🍀 성경 말씀 따라 쓰기 🍀

아홉 번째 열매

절제
Temperance

절제는 하나님을 믿는 사람이 성령의 은혜에 따라
자신을 조절하는 것을 의미한다.
절제는 조화와 질서를 추구하며 치우침이 없는 마음이다.
예수님 안에서 성령의 아홉 가지 열매를 온전히 이루기 위해
꼭 필요한 마음이다.

이삭은 우물을
욕심냈을까?

사랑하는 아가야,

이번 이야기 속 주인공인 이삭은 큰 부자였대.

그렇지만 아끼고 절제하는 사람이어서

부지런히 일하며 재물을 함부로 쓰지 않았대.

그런 이삭의 우물을 다른 사람들이 빼앗으려고 했다는데,

이삭은 어떻게 했을까? 대뜸 화를 냈을까?

해님도 쿨쿨 자고 있는 새벽이었어. 모두가 잠들어 있었지. 하지만 이삭은 벌써 일어나서 뽀드득뽀드득 세수를 했어. 이삭은 부지런한 사람이거든. 항상 일찍 일어나서 일했지. 가장 먼저 양들을 살펴보러 우리로 갔어.

"양들아, 좋은 아침이다."

이삭이 밝은 얼굴로 인사를 건네면 양들은 매에매에 대답을 했지. 이삭은 양들을 보며 항상 다짐했어.

"아버지가 물려주신 가축들을 잘 키워야 해. 땅도 잘 관리해야지. 아버지가 애써서 마련하신 것들이잖아. 내가 더 부지런히 움직여야겠어."

이삭의 아버지 아브라함은 이삭에게 넓은 땅과 많은 가축을 물려주셨어. 그래서 이삭은 이미 부자였지. 매일매일 빈둥빈둥 놀아도 괜찮을 만큼 말이야. 하지만 이삭은 정말 열심히 일했어. 아버지가 물려주신 재산을 함부로 쓰지 않으려고 노력했지. 그랬더니 땅이 더욱 많아지고, 가축이 날로 늘어났지. 이삭은 더 큰 부자가 되었어. 그러자 이삭을 손가락질하는 사람들이 생겼지.

"흥! 이삭을 봐. 돈을 얼마나 좋아하면 저렇게 아침부터 일을 해?"

"지금도 저렇게나 큰 부자잖아. 도대체 뭘 더 모으려는 거야?"

이웃에 사는 블레셋 사람들이었어. 틈만 나면 이삭을 헐뜯고 시기했어. 사실은 부자 이삭이 부러웠던 거야.

"우리는 가난해서 제대로 먹지도 못하는데, 이삭은 저렇게 큰 부자가 되다니. 쳇."

이삭의 재산이 점점 더 많아지자 블레셋 사람들은 눈썹을 치켜올리고 화를 냈어. 그리고 결국 이삭의 우물을 흙으로 메워버리고 말았지.

그 모습을 본 이삭은 어떻게 반응했을까? 화를 내며 싸우려고 했을까? 아니, 아니. 이삭은 화를 내지 않았어. 싸움을 싫어하는 조용한 사람이었거든.

블레셋 사람들은 이삭이 아무런 말을 하지 않으니 불안했어. 그래서 오히려 자신들이 소리를 버럭버럭 지르며 화를 냈지.

"이삭, 당신은 원래 이곳 사람이 아니잖아요. 어서 당신이 온 곳으로 떠나요!"

이삭은 여전히 아무 말도 하지 않았어. 그들이 잘못했다면, 하나님께서 판단해주실 거라고 믿었지. 이삭은 하인들을 이끌고 뚜벅뚜벅 걸어서 다른 곳으로 옮겨 갔어. 아버지 아브라함이 잠시 살았던 곳으로 말이야. 이삭은 그곳에서 아버지가 팠던 우물을 찾아냈지.

"맞아, 여기야. 아버지가 땀 흘려 팠던 우물이 바로 이거라고."

이삭과 하인들은 기뻤어. 하지만 그 기쁨은 잠시였지. 글쎄, 이번에는 그곳에서 양을 치던 목자들이 찾아와 따지지 뭐야.

"이 우물은 우리 것이란 말이야!"

"그래, 우리가 항상 써왔던 거라고. 어서 저리 가!"

이삭의 하인들은 도저히 참을 수 없었어. 목자들에게 삿대질을 하며 대들었지.

"아니, 무슨 말도 안 되는 소리야?"

"이건 우리 옛 주인 아브라함이 판 우물이야. 그러니 우리 것이라고!"

그들은 서로 싸우기 시작했어. 그러자 이삭이 하인들에게 다가갔어. 이삭이 뭐라고 말했을지 궁금하지? 그럼 어서 이삭의 말을 들어보자.

"하인들아, 우물을 저 사람들에게 주어라. 아버지의 것이었지만,

지금 내가 저 사람들과 싸우며 욕심을 부릴 수는 없다. 우리는 다른 우물을 찾아보자."

에구머니나, 이 우물도 양보하라는 말이었네. 하인들은 어쩔 수 없이 주인을 따라 나섰어. 터벅터벅 뚜벅뚜벅. 얼마나 걸었을까? 앞서 걷던 하인들의 들뜬 목소리가 들렸지.

"주인님, 주인님! 저 앞에 우물이 있어요!"

이삭이 고개를 들어보니, 정말 우물이 보였어. 이삭이 승리한 것이지. 겉으로는 블레셋 사람들과 목자들이 이삭을 이긴 것 같았지? 하지만 결국은 이삭의 승리였어. 사람들이 탐내는 우물을 욕심내지 않고 양보했더니 또 우물을 발견했잖아. 그리고 얼마 후에 하하하 웃을 만한 일이 생겼지.

이삭의 곁으로 누군가 성큼성큼 다가왔어. 누가 또 이삭의 우물을 욕심냈냐고? 글쎄, 그 사람이 이삭에게 무슨 말을 했는지 한번 들어볼까?

"이삭, 나는 전에 당신을 쫓아낸 블레셋 사람들의 왕인 아비멜렉이에요."

"안녕하세요. 그런데 이곳엔 웬일이신지요?"

"사과하러 왔어요. 우리가 당신에게 한 일을 용서해주세요. 앞으로는 싸우지 말고 평화롭게 지낼 수 있을까요?"

"하하하, 왜 안 되겠습니까? 저는 벌써 용서했는걸요. 이렇게 와 주시니 감사할 따름입니다."

랄랄랄라 음악 소리가 들렸어. 깔깔깔 웃음소리도 들렸지. 어디서 들리는 소리냐고? 이삭과 아비멜렉은 기쁨으로 화해를 하고, 큰 잔치를 벌였거든. 이삭의 절제하는 마음이 사람들에게 조화로운 삶을 선물한 거야. 시기심 많은 블레셋 사람들까지 조화를 이뤄 살 수 있게 되었으니 말이야. 그 후에도 오랫동안 블레셋 사람들과 이삭은 좋은 이웃이 되어 평화롭게 살았대.

소중한 아가야,
이삭이 욕심을 내지 않으니 평화로워졌지?
하지만 이런 축복을 결코 쉽게 얻은 건 아니야.

사람에게 욕심이 있는 건 당연한 건데,
그 당연한 마음을 누르고 절제하느라 얼마나 힘들었겠어?
노력한 이삭에게 짝짝짝 박수를 쳐 줘야겠어.
매우 잘했다고 말이야.

# 오늘의 기도

말씀을 통해 절제를 가르쳐주신 하나님,
세상에 욕심 없는 사람은 없겠지만
욕심을 많이 부리는 사람이 되고 싶지 않습니다.

하지만 선한 것에는 욕심을 부리고 싶습니다.
선한 마음을 나누고 선한 일을 하는 것에는
욕심내는 사람이 되게 해주세요.

그러나 악한 마음으로 시작되는 일은
욕심이 나타나기 전에 그만두게 해주세요.

다음의 성경 말씀을 묵상합니다.
하늘의 마음을 욕심내는 우리이게 하옵소서.
오늘도 예수님의 이름으로 기도드립니다. 아멘.

경기장에서 달리기하는 사람들이 모두 달리지만,

상을 받는 사람은 하나뿐이라는 것을 여러분은 알지 못합니까?

이와 같이 여러분도 상을 받을 수 있도록 달리십시오.

경기에 나서는 사람은 모든 일에 절제를 합니다.

그런데 그들은 썩어 없어질 월계관을 얻으려고 절제를 하는 것이지만,

우리는 썩지 않을 월계관을 얻으려고 하는 것입니다.

(고린도전서 9 : 24 - 25 새번역)

🍀 성경 말씀 따라 쓰기 🍀

다니엘과 세 친구는
고기를 먹었을까?

사랑하는 아가야,

사자 굴속에 들어가도 용기를 잃지 않았던 다니엘, 기억하니?

이번에는 그 다니엘이 젊었을 때의 이야기야.

다니엘과 친구들이 나온다는데,

이 친구들은 절제를 참 잘하는 청년들이었단다.

어떤 이야기인지 궁금하다고? 이제부터 들려줄게.

아주 먼 옛날에 이스라엘 백성들은 하나님의 말씀을 듣지 않고 말썽을 부렸어. 그래서 하나님께서는 궁리를 하셨지.

"어떻게 하면 사랑하는 이스라엘 백성들을 바로 잡을 수 있을까?"

갈팡질팡하며 좋은 방법을 생각하시던 하나님은 이마를 탁 치셨어. 그리고 바벨론이라는 나라와 이스라엘이 싸우도록 하셨지. 바벨론은 엄청나게 큰 나라였고, 이스라엘은 힘이 없는 나라였어. 그러니 당연히 이스라엘이 질 수밖에 없었겠지?

결국 많은 이스라엘 백성들이 포로로 잡혀서 바벨론으로 끌려가고 말았어. 하나님은 마음이 아프셨어. 말썽꾸러기 백성들 중에는 하나님을 잘 섬기는 사람들도 섞여 있었거든. 그게 누구냐고? 바로 다니엘과 세 친구였어.

"다니엘, 나 조금 두려워. 우리는 이제 어떻게 되는 걸까?"

"걱정하지 마. 하나님께서 우리를 보호해주실 거야."

"그래, 기도하며 나아가자."

"응, 하나님을 믿고 더 열심히 기도드리자."

그들은 믿음으로 나아갔어. 하나님께서는 그들의 믿음을 아셨지. 과연 하나님께서는 다니엘과 세 친구를 어떻게 도우셨을까?

어느 날, 바벨론의 왕이 신하들에게 명령했어.

"잡혀 온 포로 가운데 건강하고 총명한 젊은이들을 뽑아서 데려오너라!"

신하들은 포로들을 샅샅이 뒤져 멋진 젊은이들을 찾아냈어. 그리고 왕에게 데리고 갔지. 왕은 그들에게 좋은 음식을 주어 삼 년 동안 가르칠 생각이었지. 그들에게 바벨론 교육을 시킨 후, 바벨론 왕궁에서 왕을 섬기는 일을 하게 하려는 것이었어. 그리고 이건 하나님이 다니엘과 세 친구를 도우려고 하신 일이었지. 왜냐고? 그 젊은이들 중에 다니엘과 세 친구도 있었거든.

"다니엘, 정말 하나님이 우리를 도우시나 봐."

"그래, 그렇다니까."

다니엘과 세 친구의 마음은 기쁨으로 가득 찼어. 하지만 생각지도 못했던 어려움이 그들을 기다리고 있었어. 그건 바로 왕이 차려준 식탁이야. 식탁이 왜 어려움이냐고? 식탁 위의 음식이 문제였어. 왕은 젊은이들 앞에 정말 근사한 식탁을 차려주었거든. 쫄깃쫄깃한 고기와 기름이 자르르 흐르는 음식들, 달콤한 포도주가 먹음직스럽게 차려진 식탁이었어. 그러나 다니엘과 세 친구는 표정이 굳어버렸지. 왜냐고? 그 음식들은 하나님께서 먹지 말라고 말씀하셨던 음식들이었거든. 그러니 어떻게 먹을 수 있겠어? 하지만 그 음식들은 너무 먹음직스러워 보였어. 보고 있으면 입가에 침이 고일 정도였지.

성경 속 다니엘과 세 친구는…

다니엘과 바벨론에 포로로 잡혀갔던 세 친구의 이름은 사드락, 메삭, 아벳느고다. 바벨론에서는 아름답고 총명한 그들을 정치에 참여시키기 위해 삼 년 동안 교육을 시킨다. 그러나 그들에게 주어진 특별한 음식은 하나님의 말씀에 반하는 음식들이었다. 결국 다니엘과 세 친구는 음식을 거절하고 채식을 선택한다. 사람에게 식욕을 절제한다는 것은 매우 힘든 일이다. 그것도 눈앞에 맛있는 음식이 있을 때는 더욱 그러하다. 그러나 다니엘과 세 친구는 하나님을 향한 굳건한 믿음 덕분에 절제를 택할 수 있었다. 이러한 그들의 모습은 본받기에 충분하다.

"이것들을 먹을 수는 없어. 하나님을 믿으면서 어떻게 우상에게 바쳐졌던 음식을 먹을 수 있겠어?"

"그래, 더군다나 하나님께서 깨끗하지 못하다고 말씀하신 것들이야."

"응, 그래. 하지만 정말 맛있어 보이네."

다니엘과 세 친구의 배에서 꼬르륵꼬르륵 소리가 났어. 군침이 꼴깍 넘어갔지. 특히 고기는 너무 맛있어 보였어. 다니엘과 세 친구는 어떻게 했을까? 고기를 먹었을까?

다니엘은 저벅저벅 걸어갔어. 그들을 관리하는 환관장에게 가는 것이었지.

"환관장 님, 환관장 님!"

"다니엘, 왜 그러느냐?"

"저희들은 이 음식을 먹을 수 없습니다. 저희가 믿는 하나님께서 금하는 음식들입니다."

"아니, 뭐라고? 그건 안된다."

"제발 허락해주십시오. 저희들은 채소와 물만 먹으면 됩니다."

"어허, 그렇게 하면 왕이 내려주시는 음식을 먹는 사람들보다 너희 얼굴빛이 좋지 않을 것이다. 그럼, 왕에게 내가 혼쭐이 난다."

"그렇다면 저희들이 열흘 동안 채식을 하고 난 후에 다른 사람들의 얼굴과 비교해보십시오. 절대 초라하지 않을 것입니다."

다니엘이 당당하고 자신 있게 말했어. 환관장은 잠시 고민하다가 대답했지.

"흠, 정 그렇다면 열흘 동안 기회를 주마. 하지만 열흘이 지나서 너희들의 낯빛이 어둡다면 당장 채식을 중단해야 한다."

"네, 그렇고 말고요."

하루, 이틀, 사흘, 나흘, 닷새, 엿새 …… 열흘. 시간이 강물처럼 쪼르르 흘렀어. 다니엘과 세 친구는 정말 채소와 물만 먹었지. 환관장은 생각했어. '지금쯤 다니엘과 그의 친구들은 얼굴이 어둡고 초라할 거야. 어쩌면, 못 참고 고기를 먹었을지도 몰라. 하하, 그러면 내가 이긴 것이야'라고 말이야.

혼자 웃으며 성큼성큼 걷다 보니, 마침 다니엘과 세 친구의 뒷모습이 보였어.

"이것 봐. 다니엘과 친구들!"

다니엘과 세 친구는 뒤를 돌아봤지. 환관장은 깜짝 놀랐어. 왜냐고? 다니엘과 세 친구의 얼굴이 반짝반짝 빛났거든. 다니엘은 활짝 웃으며 말했지.

"저희들은 앞으로도 채식을 하겠습니다."

"그, 그래."

그렇게 해서 그들은 계속 채식을 했어. 하지만 고기와 기름진 음식을 먹는 젊은이들보다 튼튼했어. 하나님의 눈에는 그들이 예쁘게 보였지. 자신의 욕심을 절제하며 하나님의 뜻을 따랐으니 예쁠 수밖에 없잖아.

"하하, 저들에게 지혜를 줘야겠군."

하나님께서는 다니엘과 세 친구에게 지혜를 선물해주셨어.

그리고 삼 년이란 시간이 째깍째깍 흘렀지. 바벨론의 왕은 모든 젊은이들 가운데 다니엘과 세 친구가 가장 뛰어나다는 것을 알게 되었어. 그래서 그들에게 왕실의 일을 맡으라고 명령했지. 그 이후로도 그들은 계속 절제하며 조화롭게 살았대.

소중한 아가야,
사람이 절제하며 사는 것도 중요하지만,
조화롭게 사는 것도 무척 중요해.
조화롭게 사는 마음도 절제에 해당하는 성품이거든.

다른 사람들과 더불어 살아가야 하는 세상에서
조화롭게 사는 마음은 정말 중요해.
우리 아기가 그 사실을 기억했으면 좋겠다.

오늘의 기도

말씀으로 절제를 가르쳐주신 하나님,
조화롭게 살아가는 지혜를 주옵소서.
하나님의 뜻을 지키며 절제하고
조화를 추구하며 치우침이 없게 하옵소서.

다음의 성경 말씀을 묵상합니다.
하나님이 우리에게 능력과
사랑과 절제의 영을 주셨음을 고백합니다.
우리 안에 당신의 사랑이 머물러 있음을 기억합니다.

당신의 사랑이 우리를 떠나지 않을 것임을 믿습니다.
우리는 당신의 능력에 힘입어 기쁨을 함께 누릴 뿐 아니라
고난 또한 함께 겪기를 바랍니다.

고난 중에도 당신의 사랑 안에 머무는 우리가 되겠습니다.
오늘도 예수님의 이름으로 기도드립니다. 아멘.

하나님께서는 우리에게 비겁함의 영을 주신 것이 아니라,

능력과 사랑과 절제의 영을 주셨습니다.

그러므로 그대는 우리 주님에 대하여 증언하는 일이나

주님을 위하여 갇힌 몸이 된 나를 부끄러워하지 말고,

하나님의 능력을 힘입어 복음을 위하여 고난을 함께 겪으십시오.

(디모데후서 1 : 7 - 8 새번역)

🌿 성경 말씀 따라 쓰기 🌸

소중한 우리 아이를 위한 첫 이야기책

성경태교동화

© 오선화, 2010

초판 1쇄 발행일 2010년 4월 15일
초판 17쇄 발행일 2020년 2월 24일
개정판 1쇄 발행일 2022년 6월 20일

지은이   오선화
그린이   김은혜
펴낸이   정은영

펴낸곳   (주)자음과모음
출판등록 2001년 11월 28일 제2001-000259호
주소   10881 경기도 파주시 회동길 325-20
전화   편집부 (02)324-2347 경영지원부 (02)325-6047
팩스   편집부 (02)324-2348 경영지원부 (02)2648-1311
이메일   munhak@jamobook.com

ISBN   978-89-544-4836-9 (13590)

잘못된 책은 교환해드립니다.
저자와의 협의하에 인지는 붙이지 않습니다.